IV

# LES ANIMAUX INFECTIEUX

par

Paul VUILLEMIN

PAUL LECHEVALIER, Éditeur
PARIS VI — 12, RUE DE TOURNON 12 — PARIS VI
1923

# ENCYCLOPÉDIE

## BIOLOGIQUE

## IV

# ENCYCLOPÉDIE BIOLOGIQUE

# LES
# ANIMAUX INFECTIEUX

PAR

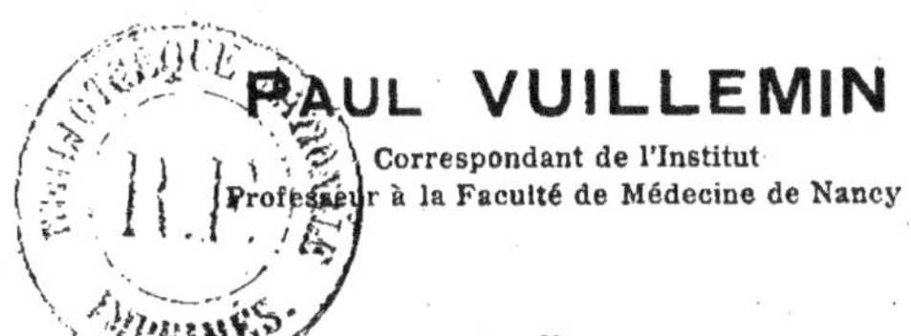

## PAUL VUILLEMIN

Correspondant de l'Institut
Professeur à la Faculté de Médecine de Nancy

**69 figures**

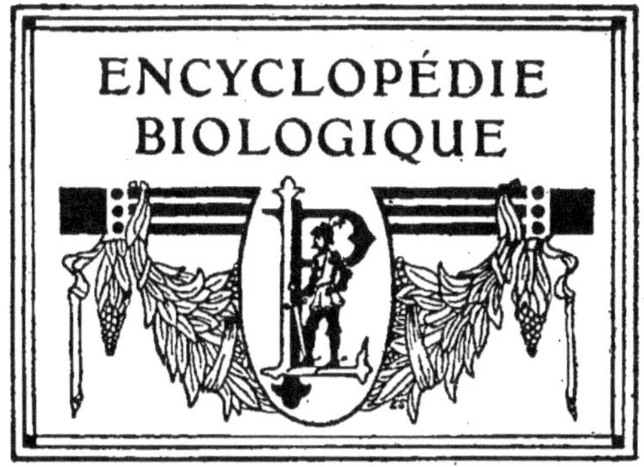



PAUL LECHEVALIER

ÉDITEUR
12, RUE DE TOURNON, 12
PARIS-VIᵉ

—

1929

# AVANT-PROPOS

Les récentes découvertes concernant le rôle joué, dans les maladies infectieuses, par des animaux descendant au-dessous des dimensions des bactéries, apportent un regain d'actualité à la connaissance des animaux infectieux. On attribuait déjà des anémies infectieuses à l'Ankylostome et au Bothriocéphale, le géant des parasites fournis par le règne animal. La taille et le nombre se compensent. L'infection est indépendante de la dispersion des parasites ; elle est toujours réalisée par l'organisme réagissant contre l'action de produits émanant des animaux, des végétaux, aussi bien que des bactéries.

Nous nous appuyons, bien entendu, sur les précieuses données rassemblées par les bactériologistes. Les animaux infectieux nous permettent d'envisager le sujet d'un point de vue moins familier, d'où le champ de l'infection apparaît à la fois plus étendu et mieux circonscrit. La notion même de l'infection gagne en précision et s'éclaire à la lumière du rôle trop négligé des animaux infectieux.

C'est ce qui nous engage à livrer nos réflexions à la publicité.

# INTRODUCTION

Nul n'ignore que le règne animal renferme de nombreux parasites de l'homme. On parle couramment de vers solitaires, d'Ascarides, d'Oxyures, de Trichines. Ces animaux vermiformes ne sont pas tous des Vers pour les zoologistes, pas même l'Ascaride, en dépit d'une vague ressemblance avec le Lombric ou ver de terre. On prend aussi pour des Vers des larves d'Insectes ; par contre on a peine à reconnaître les Vers dans de volumineuses larves gonflées de liquide causant les kystes hydatiques.

Longtemps les médecins ne connurent pas d'autres parasites, si l'on sépare des parasites les Insectes et autres bêtes de proie qui ne franchissent pas la peau. On ne savait pas au juste de quoi les vers étaient capables ; ils n'en étaient que plus suspects de jouer un grand rôle dans les maladies. La mauvaise réputation des vers était si fortement ancrée dans les esprits que, vers 1840, Raspail accrut sa popularité en attribuant toute maladie à des vers invisibles contre lesquels il prônait le camphre comme panacée universelle.

Il n'était pas le premier à avoir l'intuition du microbe et de l'antisepsie. Paullini (1703) impute les maladies miasmatiques à des vers dont les œufs invisibles sont partout répandus. Les miasmes lui semblent révélés à la vue par les feux follets s'échappant des marais comme des vers luisants ailés. Il admet des phosphores vivants dans le bois lumineux. Dès 1678, l'illustre physicien et chimiste irlandais Boyle, qui prépara la fondation de la Société Royale de Londres, avait constaté que, sous la cloche d'une machine pneumatique, la luminosité du bois est suspendue ou réveillée en même temps que la respiration d'un pigeon ; c'est un signe manifeste de vie. La suppression de la luminosité, comme des fonctions animales, est transitoire ou définitive, selon la durée de la raréfaction de l'air.

Vers la même époque, Leeuwenhoeck, de Delft, a recours à un microscope simple qu'il avait construit avec des lentilles de Huyghens et qui donnait une amplification de 160 diamètres ; il aperçoit (1675), dans l'eau croupissante et dans les excréments, des animalcules se distinguant d'emblée des particules inertes par un déplacement d'apparence spontanée rappelant celui des vers. En 1683, il en observe d'analogues dans son propre tartre dentaire et en dessine la trajectoire.

La même année naissait Réaumur, non moins illustre comme sagace observateur de la nature que comme physicien. Qui ne connaît son Histoire des Insectes ? A ses yeux, les Insectes embrassaient tous les animaux qui, n'ayant pas de squeletté, ne sont pas faciles à disséquer (*in, secti,* insécables) ; ils comprenaient les Vers et les animalcules grouillant dans une goutte d'eau, c'est-à-dire les Protozoaires alors confondus, avec les bactéries, sous la rubrique d'*Animalcula infusoria.* Ces « insectes » sont assez petits pour passer à travers un filtre de papier. Les Infusoires étaient, pour Réaumur, des animaux filtrants. Inutile de remarquer que nous envisageons aujourd'hui des animaux autrement petits et des filtres dont les pores ne sont pas du même ordre de grandeur que les mailles du papier.

Un médecin de Vienne, Marcus Antonius Plenciz (1762) professe que les maladies miasmatiques sont causées exclusivement par des organismes vivants qui se multiplient dans le corps du malade ; la durée de l'incubation est en rapport avec la lenteur de la multiplication. Chaque maladie aurait son agent spécial. Le contage vivant semble transporté par l'air. Plenciz impute aussi la putréfaction à des organismes trop petits pour être vus et le prolongement de la putréfaction à leur multiplication.

Les théories médicales suivent les découvertes des savants. Needham (1745) venait de démontrer que les germes de la putréfaction sont apportés par l'air. Une matière putrescible demeure intacte dans un flacon bouilli ; elle se décompose dès qu'une fissure livre accès à l'air. La putréfaction est un phénomène de même ordre que la fermentation et beaucoup de maladies.

Au IXe siècle, le médecin arabe Rhazès relevait la chaleur et l'effervescence dans les fièvres éruptives, telles que la variole, tout comme dans la fermentation du jus de raisin. Moïse jugeait impurs les aliments fermentés ; leur prohibition n'est-elle pas le prélude de l'antisepsie ?

Nous trouvons le passage de la putréfaction à la fermentation dans la pâte en décomposition qui sert de levain aux boulangers.

Les levures alcooliques sont des végétaux. On a démontré le parasitisme d'un certain nombre de Champignons dont quelques-uns ressemblent aux levures.

De nos jours, les bactéries accaparèrent l'attention et furent considérées comme agents de toutes les maladies infectieuses. Sans ravaler leur rôle, nous nous proposons d'établir qu'elles ne suffisent jamais à produire l'infection et qu'il est des cas où les animaux sont infectieux autant que les bactéries.

# CHAPITRE PREMIER

## L'INFECTION

On ne discernait pas de parasite animal ou végétal dans la plupart des maladies épidémiques, endémiques ou contagieuses, dont l'origine est évidemment extérieure à l'organisme ; on les attribuait à des miasmes répandus dans l'air ou à des virus de provenance inconnue, transmissibles par inoculation. La distinction du miasme et du virus est vague, car telle maladie réputée miasmatique, variole ou rougeole, est inoculable. On ne peut donc tracer de démarcation entre les maladies miasmatiques et les maladies virulentes.

Plus fragile encore est le cadre primitif des maladies infectieuses embrassant miasmes, virus, auto-intoxications et laissant la porte ouverte à l'influence des parasites. La notion d'infection s'est peu à peu éclaircie en dégageant le caractère infectieux, qui appartient à l'organisme, des agents étrangers susceptibles d'y collaborer ou simplement de le provoquer. N'oublions jamais que, quel que soit le provocateur, l'homme est l'artisan inconscient de ses maladies, des maladies infectieuses comme des autres.

### Qu'est-ce que l'infection ?

L'infection n'est en soi qu'une profonde perturbation dans la constitution physico-chimique de l'organisme, dépendant d'un vice de nutrition. Elle est d'ordinaire provoquée par une intrusion de substances ou de forces insolites par un être étranger vivant en parasite.

Ce qui distingue l'infection de l'intoxication, c'est le mode de réaction de l'organisme. Celui-ci pâtit de l'action des poisons qui altèrent, amoindrissent ou abolissent la vitalité de certains éléments ou, s'il réagit, c'est en affranchissant son activité de l'action étrangère. Il en est de même quand, indépendamment des poisons introduits avec les aliments ingérés, les gaz inhalés, etc., l'organisme en fabrique par les actes intimes de la nutrition ; on a alors l'auto-intoxication qui, parfois, simule une auto-infection. Dans l'infection, l'activité de l'organisme entre toujours en jeu pour répondre directement à l'excitation des produits parasitaires. Phénomène biologique, l'infection se sépare de la putréfaction, phénomène cadavérique.

Pour déceler l'infection, on fonda de grandes espérances sur les réactions cutanées (**intradermoréaction, subcutiréaction**) consécutives à l'injection du parasite présumé ou de ses produits dans la peau ou le tissu conjonctif sous-cutané. On obtient des phénomènes locaux d'inflammation, rougeur, gonflement, souvent accompagnés d'élévation de température. Selon les cas, la réaction est positive, soit chez les prédisposés, soit chez les malades. Les réactions cutanées semblent indiquer souvent l'intoxication plutôt que l'infection. Toutefois elles rendent service au diagnostic.

L'organisme envahi réalise l'infection en produisant des substances ou des forces nouvelles modifiant le sérum sanguin. Ces substances, de composition chimique inconnue, ont la propriété d'exercer des effets spécifiques sur les agents étrangers dont l'action a provoqué la réaction produisant ces substances. On admet en conséquence que l'organisme sécrète des **anticorps** correspondant physiquement ou chimiquement aux **antigènes** issus des agents d'origine extérieure.

## Diagnostic de l'infection

Il repose sur les **séro-réactions** obtenues en mettant le sérum dont on soupçonne la spécificité en présence de représentants de l'espèce présumée pathogène. Pour obtenir la réaction, le sérum dans lequel on prévoit la présence d'anticorps spécifiques est mélangé à l'antigène correspondant contenu, soit dans le corps d'êtres vivants ou morts ayant une affinité étroite avec le parasite, soit dans des particules provenant de ces êtres. Si les prévisions sont fondées, la réaction s'accomplit au bout d'un certain temps, pourvu que la dilution du sérum ne dépasse pas une limite calculée d'avance en répétant les essais avec des sérums de plus en plus étendus.

La séro-réaction ou **réaction anticorps-antigène** se manifeste par des phénomènes de rassemblement ou des phénomènes inverses de dispersion des éléments contenant l'antigène. Les phénomènes de rassemblement sont la **précipitation** et l'**agglomération** (communément et improprement appelée agglutination) ; les phénomènes de dispersion sont la **floculation**, la dissolution ou **lyse**, à laquelle conduit le **gonflement** de la membrane gélifiée ; les surfaces devenues gluantes se collent et déterminent l'**agglutination** au sens propre du mot, telle qu'elle fut obtenue par Henri Roger (1896) avec un Champignon voisin de celui qui donne le muguet (fig. 1).

Les antigènes existent en première ligne chez les êtres de même espèce que le parasite. La séro-réaction spécifique sert de base au **séro-diagnostic** mis en honneur par Widal pour assurer le diagnostic de la fièvre typhoïde et des affections paratyphoïdes et dont l'emploi s'étend à toutes les maladies infectieuses.

Un même antigène peut être commun à plusieurs espèces généralement apparentées. Alors la séro-réaction n'a plus une valeur rigoureusement spécifique ; ce n'est plus qu'une **réaction de groupe** dont les indications moins précises circonscrivent le diagnostic sans le fixer.

L'action lytique permettant à une humeur spécifique de dissoudre

plus ou moins complètement l'antigène correspondant fut constatée directement par R. Pfeiffer (1894). Il n'employait pas, à vrai dire, le sérum.
Ayant injecté dans la cavité péritonéale d'un cobaye immunisé contre le
choléra une culture de *Spirillum choleræ*, il reconnut que les bactéries

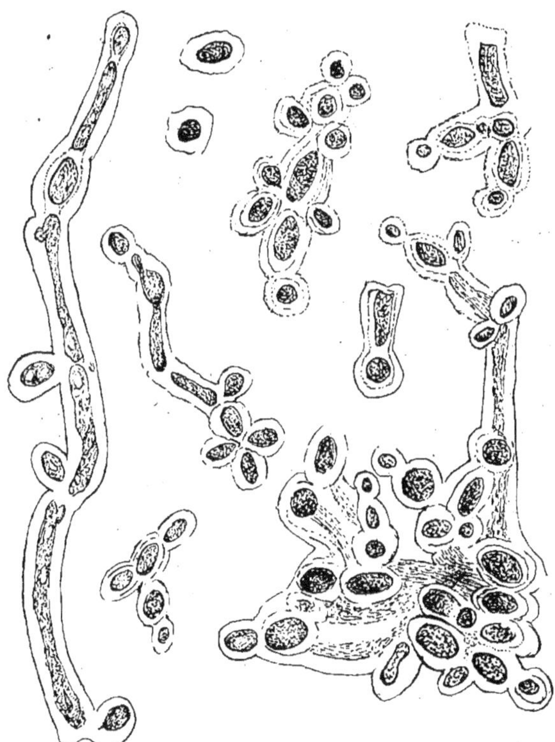

Fig. 1. — *Monilia Pinoyi*. Agglutination des filaments et des
globules du Champignon cultivé dans le sérum d'un lapin
vacciné. D'après H. Roger.

s'immobilisaient, puis morcelaient leur protoplasme en granules ; c'est
le phénomène de Pfeiffer, premier témoin de la lyse par les humeurs.

L'action lytique du sérum est moins simple. J. Bordet, de Bruxelles,
dans une série d'expériences publiées de 1895 à 1899, démontre l'intervention de deux substances nommées **alexine** et **sensibilisatrice**. L'alexine
est la substance dissolvante ; elle n'est pas spécifique ; ce n'est pas un
anticorps ; c'est un produit normalement sécrété par diverses cellules
et répandu dans les humeurs ; les éléments sains lui sont insensibles. L'a-
lexine est détruite si l'on chauffe à 55° le liquide qui la contient.

L'alexine n'exerce son action dissolvante que sur des antigènes imprégnés de l'anticorps spécifique dont ils ont provoqué la formation. Les sensibilisatrices spécifiques ne sont autres que ces anticorps ; elles résistent à la chaleur ; on exprime ce fait en disant que la sensibilisatrice est thermostabile, contrairement à l'alexine thermolabile.

Ehrlich et Morgenroth (1899) injectent à un lapin des hématies (globules rouges du sang) de mouton ; le sérum du lapin acquiert la propriété de dissoudre, *in vitro* comme *in vivo*, les hématies du mouton ; c'est, comme on dit, un sérum lapin anti-mouton. Ce sérum spécifique est dépouillé d'alexine par chauffage à 55° ; mis alors en contact pendant une heure, à 37°, avec les hématies de mouton, il ne les hémolyse pas. On sépare ensuite par centrifugation le culot d'hématies et le sérum spécifique. Le culot, après lavage, est additionné de sérum non spécifique apportant l'alexine ; l'hémolyse se produit, démontrant que les hématies avaient fixé la sensibilisatrice.

Inversement on fixe l'alexine sur les hématies de mouton par le procédé suivant : les hématies sensibilisées sont mises en contact avec un sérum neuf pourvu d'alexine, non de sensibilisatrice. Le sérum est dépouillé de son alexine que les hématies ont fixée en subissant l'hémolyse.

Bordet, ayant reconnu que la bactériolyse a le même mécanisme que l'hémolyse, a basé sur ce fait, en collaboration avec Gengou (1901), un élégant procédé de diagnostic de l'infection, dont la réaction de Wassermann est une application approximative.

La réaction de Bordet-Gengou est appelée **fixation** ou **déviation du complément**, Ehrlich ayant nommé complément l'alexine de Buchner. Comme il est malaisé d'apprécier directement la lyse des très petits parasites on tourne la difficulté en reportant l'observation sur l'hémolyse. Pour y arriver, Bordet et Gengou mettent d'abord l'antigène de l'infection soupçonnée en présence du sérum du malade privé d'alexine par chauffage à 55° et de sérum non spécifique pourvu d'alexine sans sensibilisatrice. Si le sérum suspect contient réellement la sensibilisatrice, l'alexine est fixée sur l'antigène. Pour s'assurer par un phénomène visible que l'alexine a bien été fixée, on met ce système en présence d'hématies mélangées à un sérum hémolytique dépouillé d'alexine ; l'hémolyse ne se produit pas. Si elle se produisait, c'est que le sérum, n'étant pas pourvu de sensibilisatrice spécifique, n'aurait pas fixé l'alexine. Le diagnostic est donc confirmé quand le liquide reste incolore ; il est infirmé quand le liquide est coloré en rose par la dissolution des globules rouges.


## Infection sans maladie


Il ne faut pas confondre l'infection avec la maladie infectieuse. L'infection n'entraîne pas nécessairement cette profonde déchéance de l'organisme où l'on voit volontiers le cachet d'une maladie infectieuse. L'infection n'est en soi qu'un signe de vitalité, d'énergie réagissant par l'élaboration des anticorps. L'alerte peut causer un désarroi passager d'allure morbide, jusqu'à ce que l'organisme se remette en s'accommodant d'un nouvel équilibre rétabli dans sa constitution physico-chimique altérée. Bien plus, l'infection a des effets salutaires. A la suite de la guérison, les anticorps persistants rendent l'organisme impropre à la vie des parasites qui produisent les antigènes correspondants. Les maladies infectieuses récidivent rarement ; même alors, elles sont atténuées. L'état infectieux survivant à la maladie confère une immunité plus ou moins durable ; l'état réfractaire est une conséquence de l'infection. Dans bien des cas où l'immunité paraît naturelle, spontanée, on découvre, dans les antécédents du sujet, soit une atteinte légère, fruste, de la maladie qui n'a plus prise sur lui, soit des accidents bénins causés par une autre espèce ayant des affinités avec l'agent de la maladie. La synergie a pris le dessus sur l'antagonisme qui, au début de l'infection, était plus apparent.

## Infection préventive ou curative

Ces données biologiques fournissent des indications mises en pratique par la Prophylaxie et la Thérapeutique.

Les premières tentatives, livrées à l'empirisme, donnaient bien des déboires. Convaincus que la rougeole est inévitable, les anciens médecins conseillaient d'exposer les enfants à la contagion lorsque le génie épidémique se montrait clément ; d'autres, plus hardis, inoculaient une goutte de sang prélevée sur un malade légèrement atteint. L'inoculation de la variole fut longtemps en honneur. Malheureusement on ne tenait pas compte de la susceptibilité individuelle, qui souvent rendait mortel un virus en apparence bénin. Un préjugé populaire, qui n'est peut-être pas définitivement déraciné, voyait dans les poux de la tête un mal inéluctable, sinon une condition de complète santé pour les enfants. Des témoins dignes de foi m'ont assuré que des bonnes femmes empruntaient des poux à des enfants « bien propres » pour en doter les déshérités. Cette pratique absurde doit avoir sa source dans la terreur inspirée à nos pères par la maladie pédiculaire, déterminée, selon les doctrines surannées, par les humeurs peccantes engendrant la vermine. Il s'agissait, en somme, d'une vaccination prémunissant contre le spectre de la maladie pédiculaire, hantant toujours l'imagination.

La **vaccination** proprement dite, préconisée par Jenner pour prévenir la variole, utilise un parasite voisin de l'agent de cette redoutable maladie. Le cowpox est la variole de la vache, *variola vaccina*, maladie très bénigne des Bovidés. Les pustules siègent au pis. Jenner remarque l'immunité à l'égard de la variole du personnel employé à traire les vaches ; de là lui vint l'idée d'inoculer le contenu des pustules de la vache, le virus vaccin, pour donner à l'homme la variole de la vache qui le prémunit contre la variole humaine. Les anticorps formés sous l'action des antigènes vaccins ont une étroite affinité avec les anticorps varioleux.

On étend le nom de vaccination à l'action préventive obtenue en introduisant, dans l'organisme sain, des parasites plus ou moins modifiés ou leurs produits conférant l'immunité. Dans les diverses vaccinations, les produits parasitaires sont des antigènes ; les produits corrélatifs de l'organisme hospitalier sont des anticorps réalisant une infection préservatrice.

La Thérapeutique use de procédés analogues, qualifiés de vaccinothérapie ou vaccinations curatives ; ces expressions sont impropres, puisque, par définition, une vaccination est préventive ; M. Nicolle et Césari (1924) leur substituent le terme exact d'**antigénothérapie** pour indiquer l'effet curatif de la réaction infectieuse provoquée par l'injection ou l'ingestion de produits parasitaires.

De même que la vaccination, l'antigénothérapie met en jeu l'activité de l'organisme qui produit des anticorps préservatifs dans le premier cas, curatifs dans le second ; on réalise ainsi l'immunité **active** et le rétablissement actif de la santé.

Au lieu d'exciter l'organisme à réagir lui-même en fabriquant les anticorps, il est possible d'atteindre le même but sans lui imposer cet effort, en mettant à sa disposition le produit de l'infection d'un autre organisme. Il suffit pour cela d'injecter un sérum renfermant les anticorps spécifiques, par exemple le sérum de convalescents ou autres sujets devenus réfractaires. L'organisme acquiert passivement l'état d'immunité par la **séroprophylaxie**. La **sérothérapie** facilite la guérison. Il importe de distinguer l'immunité **passive** de l'immunité active, le traitement passif à l'aide des anticorps, du traitement actif à l'aide des antigènes. Tous ces procédés confèrent une infection salutaire.

## Les maladies infectieuses
## sont des maladies parasitaires

On commit une méprise en opposant les maladies parasitaires aux maladies infectieuses imputées aux miasmes et aux virus en attendant le règne des bactéries. Toute bactérie ne cause pas l'infection qui, par contre, compte maints agents parmi les végétaux et les animaux parasites. Le nombre et la taille n'y font rien. Un seul animal aussi volumineux qu'un Bothriocéphale ou une Hydatide amène l'infection, car on a obtenu des séro-réactions avec le produit de leur broyage et le sérum de certains des malades qui les hébergent. Tout agent infectieux d'origine extérieure est un parasite.

Beaucoup de maladies infectieuses, de cause longtemps ignorée, sont l'œuvre d'êtres de taille infime. Les retentissantes découvertes de Pasteur en fournirent la preuve. Pasteur ne se préoccupait pas de faire rentrer ces minuscules organismes dans les cadres des classifications zoologiques ou botaniques. Le nom de microbes, proposé par le chirurgien Sédillot, de Strasbourg, fit fortune et jouit encore d'une grande popularité.

Cette popularité même l'a discrédité aux yeux des savants, car elle a provoqué des interprétations fantaisistes qui sont un défi au bon sens. Un esprit réfléchi ne s'arrêtera pas à l'idée d'incarner dans le microbe l'antique idée d'êtres vivants infiniment petits, antagonistes irréductibles des êtres dont les dimensions sont définies. La contradiction des termes saute aux yeux ; microbe signifie petit être vivant ; or la vie implique l'organisation avec des parties moins grandes que le tout, la croissance qui compare des dimensions successives. Du moment que l'on distingue d'inégales dimensions, on reconnaît qu'elles ne sont pas incommensurables ; par conséquent la petitesse d'un microbe n'est pas infinie ; elle est relative à la taille humaine que l'anthropomorphisme choisit comme étalon ; ses limites sont indéterminées ; c'est pourquoi la définition du microbe est impossible. On ne saurait ranger dans les cadres de l'Histoire naturelle un groupe échappant à toute définition scientifique. Voilà pourquoi nous abandonnons le nom de microbe au langage vulgaire.

La question de dimension écartée, on se rabat sur la structure pour distribuer les agents infectieux selon les règles adoptées pour l'ensemble des êtres vivants.

Nous nous proposons spécialement de faire ressortir le rôle considérable joué par les animaux dans la production de l'infection.

La plupart des animaux infectieux appartiennent aux Protozoaires dont les éléments sont dispersés, ce qui les oppose aux Métazoaires. Avant d'entrer dans les détails qu'ils méritent, nous consacrerons un chapitre aux Métazoaires infectieux. Au préalable, il n'est pas superflu de jeter un coup d'œil sur les autres êtres auxquels on est plus habitué à attribuer cette profonde altération de l'organisme. Cette entrée en matière fournira un terme de comparaison.

# CHAPITRE II

## AGENTS INFECTIEUX
## AUTRES QUE LES ANIMAUX

La plupart des agents découverts dans les maladies infectieuses sont des bactéries, que l'absence de noyau circonscrit place en état d'infériorité à l'égard des animaux et des végétaux. On en est arrivé à confondre microbes et bactéries, ainsi que maladies infectieuses et maladies bactériennes, par suite du préjugé qui oppose les maladies infectieuses aux maladies parasitaires causées par les animaux ou les végétaux.

* * *

**Bactéries.** — Le nom de bactéries apparaît en 1786. Le Danois Otto Fritz Müller l'applique à des organismes microscopiques constitués par un seul élément souvent mobile quoique rigide, en forme de bâton droit ou courbé, voire même sinueux, plus ou moins long, les plus courts bâtonnets passant à l'ovale ou à la sphère. Avant de ranger les *Bacteria* parmi les *Animalcula infusoria*, Müller (1773) les confondait avec les vers, comme auparavant Leeuwenhoeck et Linné.

Ehrenberg (1830) laisse les bactéries parmi les animalcules des infusions. En 1833, il circonscrit la famille des *Vibrionia*, et poussant l'analyse plus loin que Müller, créateur du genre *Vibrio*, il définit des genres d'après la nature du mouvement ; il oppose par là les *Spirillum*, vraies bactéries aux *Spirochæta* où nous voyons le type des Pseudobactéries qui sont des animaux.

On discuta longtemps si une bactérie est un animal ou un végétal. La membrane indéformable fait songer à la cellule végétale ; la motilité s'observe surtout chez les animaux ; mais beaucoup de Protoozaires ont un périplaste rigide ; les zoospores et maints gamètes de végétaux sont agiles. Les bactéries s'écartent autant des deux règnes par l'absence de noyau circonscrit et d'évolution sexuelle ; elles doivent être étudiées à part ; peu importe que leur état d'infériorité à l'égard des animaux et des végétaux réponde a une simplicité primitive ou à une dégradation.

Malgré leur petitesse, les bactéries sont en général retenues sur les filtres à pores très fins, même le *Micrococcus prodigiosus* Schrœter dont le diamètre descend à 0 μ 25.

* * *

Pasteur ne comptait pas les seules bactéries parmi les microorganismes dont les sécrétions causent l'infection. L'agent de la pébrine ou maladie corpusculaire du ver à soie, qui l'introduisit dans le domaine de la pathologie, est un animal nommé *Nosema bombycis*. Le microbe de la rage est voisin de ce Protozoaire. L'agent de la syphilis et des autres manifestations de l'avarie est encore un animal.

* * *

**Champignons.** — Vous connaissez l'agent de la tuberculose. En dépit de son appellation banale de Bacille de Koch, il n'appartient pas au genre *Bacillus* ; il n'en a pas les fouets moteurs caractéristiques ; ce n'est pas une bactérie ; c'est un végétal infectieux. Metchnikoff (1888) reconnut que les bâtonnets colorés par la fuchsine phéniquée et résistant à l'action décolorante des acides (procédé de Ziehl), sont une forme transitoire d'un Champignon, présentant d'autre part des filaments (fig. 2) ramifiés ou renflés en massue, pas toujours acido-résistants. Il créa pour ce Champignon le genre *Sclerothrix*. Le *Sclerothrix tuberculosis* Metchn., même à l'état bacilliforme, renferme un noyau ou quelque chose d'approchant, qui manque aux bactéries. Albert Petit (1923), après avoir dissous les substances lipoïdes imperméables par des passages successifs et prolongés dans le chloroforme, l'éther et l'alcool absolu, colore à l'hématoxyline ferrique ou à la safranine une masse chromatique ou deux masses semblables accolées provenant d'une division récente ; ces masses rondes sont, sinon des noyaux cellulaires compliqués, du moins des caryosomes. Kirchenstein et A. Fontès (1926) considèrent de même les granulations comme des noyaux, auxquels ils attribuent un rôle dans la reproduction.

Parmi les Champignons, le genre *Sclerothrix* fait partie des Mycobactéries de Lehmann et Neumann. Ce terme est sans valeur systématique ; il indique, non une affinité, mais une analogie entre des Champignons et des bactéries, de même que Zoophyte rappelle une ressemblance superficielle entre des animaux et des plantes. Les *Sclerothrix* rentrent dans la famille des Nocardiacées, dont les filaments sont des microsiphons, c'est-à-dire des tubes continus, sans cloisons, bien plus fins que les hyphes de la majorité des Eumycètes. On n'y connaît pas de noyau plus différencié que ceux dont nous venons de parler ; le calibre des tubes ne s'y prête pas. Les Nocardiacées sont incontestablement des Champignons ; le microsiphon, seul connu dans cette famille, est une hyphe dégradée. Nous en trouvons la preuve en suivant le mycélium d'un Ascomycète qui colore le bois en vert. A la surface on voit des réceptacles charnus dont les hyphes sont cloisonnées, nucléées ; en pénétrant dans les vaisseaux ligneux, l'hyphe passe au microsiphon.

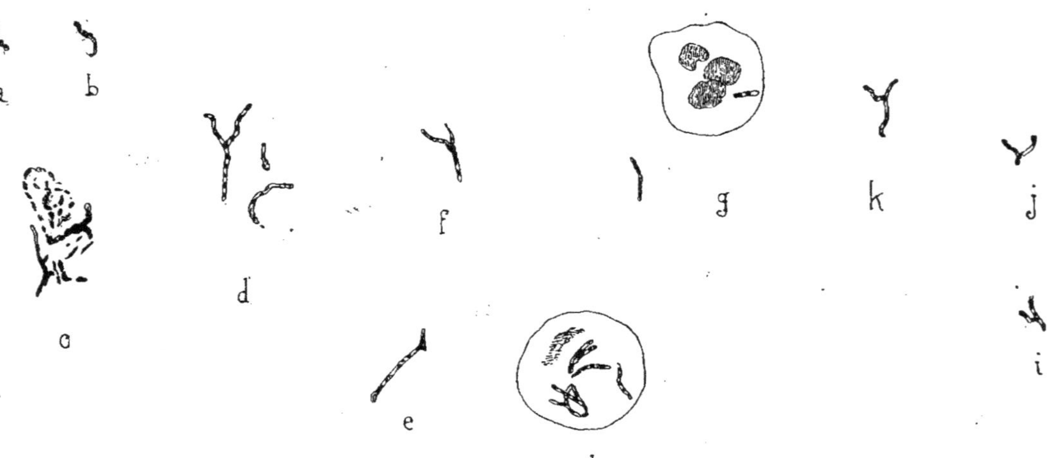


Fig. 2. — *Sclerothrix tuberculosis*. Filaments allongés ou ramifiés : *a-e*, dans une culture sur pomme de terre ; *f-k*, dans les crachats. On y distingue des granulations chromatiques. Original (Gr. : 2.300).

Le genre *Nocardia* de Toni et Trevisan (1889) réunit les espèces dont les microsiphons sont habituellement allongés en fil, ce qui n'exclut pas le morcellement en articles courts comme des bactéries. Il renferme plu-

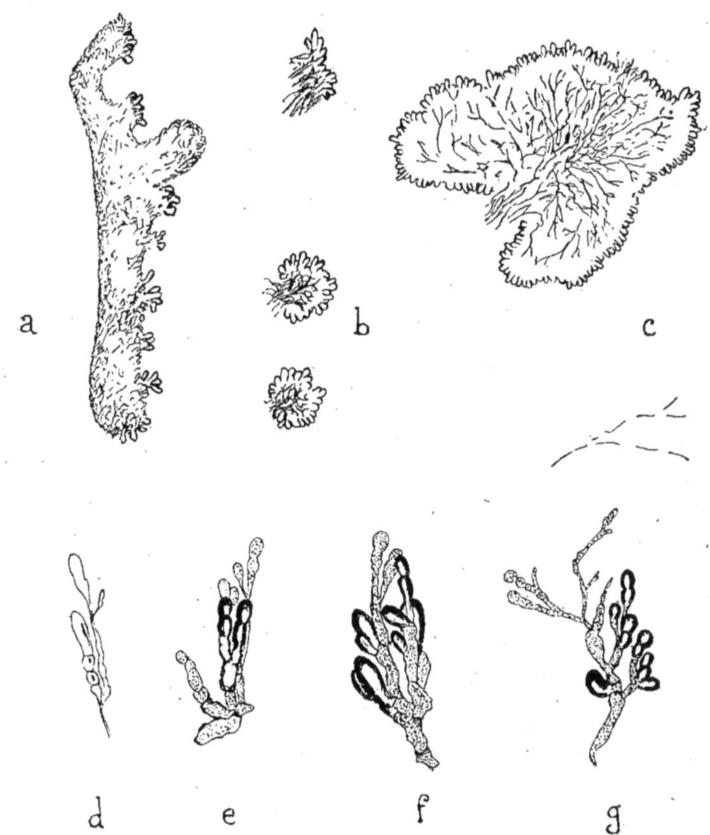

Fig. 3. — *Nocardia bovis*. *a-b*, grains jeunes d'actinomycose, d'après Boström et Brumpt; *c*, filaments fragmentés en articles bacillifor- mes; *d-g*, filaments robustes à rameaux terminés en massue (Original). (Gr. : *d-g* 1.500).

sieurs agents infectieux. L'actinomycose est parfois, comme on sait, difficile à distinguer de la tuberculose. Son agent, *Nocardia Bovis* R. Bl. a d'abord attiré l'attention par des grains formés de filaments pelotonnés, rayonnant à la périphérie (fig. 3). Ces grains provoquent une réaction de même ordre que les mycétomes dus à des Champignons plus volumineux ; mais la lésion est trop restreinte pour prendre une importance pratique.

Le *N. Bovis* nuit surtout par ses filaments diffus ou fragmentés causant l'infection. D'après de Arêa-Leão (1927), le filtrat de culture donne une intradermoréaction chez les malades.

Les filaments robustes des autres Champignons sont aussi des agents infectieux. Les uns sont dépourvus de cloisons ; ce sont des siphons caractérisant la série des Phycomycètes, appelés aussi Siphomycètes et Siphonomycètes. Chez une femme de 25 ans, traitée sans profit depuis 8 ans

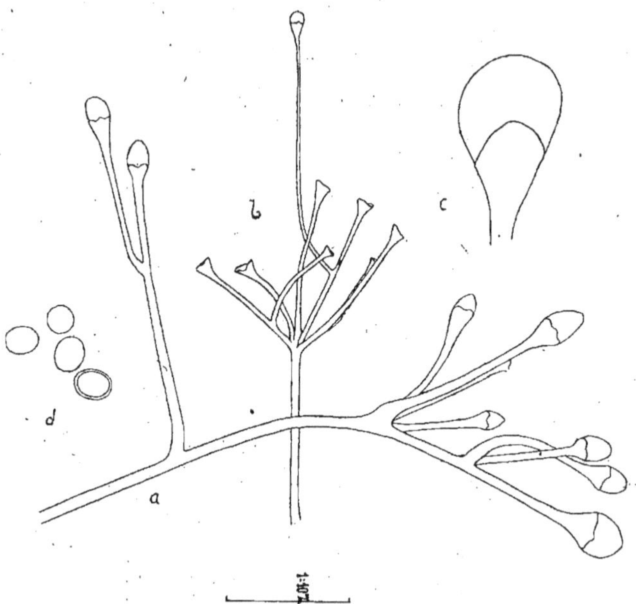

Fig. 4. — *Lichtheimia corymbifera*. a, cystophore primaire arqué ; b, cystophore ramifié ; c, sporocytes ; d, spores. Original (Gr. : a-b 566 ; d 2.000).

comme tuberculeuse, J. Parisot et Simonin (1922) isolèrent des crachats une Mucoracée que nous reconnûmes comme *Lichtheimia corymbifera* (fig. 4). Ses spores étaient agglomérées par le sérum de la malade. Le sérum des lapins inoculés dans les veines avec les cultures acquit la même propriété. La malade fut guérie par l'iodure de potassium contre-indiqué dans la tuberculose. On voit par là à quel point il importe de préciser la nature de l'agent de l'infection.

Nous avons des preuves plus nombreuses, sinon plus concluantes, de l'infection causée par les Eumycètes, pourvus d'hyphes ou filaments cloisonnés.

Les maladies causées par des Champignons parasites sont les mycoses.

J'appelle hyphomycoses celles dont les accidents sont liés à l'allongement des hyphes ; les hyphomycoses ne présentent pas de caractère infectieux.

J'en distingue les brachymycoses, où les hyphes sont remplacées en totalité, ou du moins pour une part notable, par des éléments courts, produits de la désarticulation ou du bourgeonnement des filaments. Les brachymycoses sont souvent infectieuses ; elles contiennent les mycoses causées par des globules bourgeonnants, appelées depuis longtemps blas-

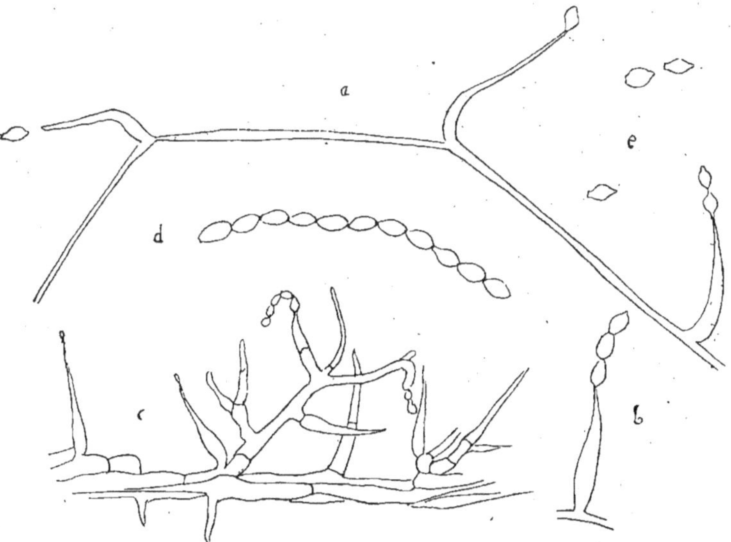

Fig. 5. — *Scopulariopsis blochii. a-b*, sporophores simples ; *c*, sporophores rami-fiés ; *d*, chapelet de conidies détachées du sporophore ; *e*, conidies isolées, pointues au sommet, obtuses à la base. Original (Gr. : *a-b*, *d*, *e* 1.500 ; *c* 700).

tomycoses et les arthromycoses causées par des fragments provenant de la désarticulation des hyphes.

Dans la section des arthromycoses, on rencontre le type des brachy-mycoses infectieuses, inutilement séparées sous les noms de cladiose, acrémoniosè, sporotrichose, hémisporose, etc. Leur caractère infectieux ressort des séro-réactions ; mais ce sont des réactions de groupe. Avec le sérum des malades qui lui avaient fourni les cultures de *Scopulariopsis Blochii (Mastigocladium Blochii* Matruchot auquel on attribua les cladioses), (fig. 5), Bruno Bloch agglomère les conidies de cette espèce au taux de 1/400. Sartory (1921) agglomère les chlamydospores d'*Hemispora stellata* (fig. 6) au taux de 1/100. Le sérum des malades attaqués par le *Sporotri-chum Carougeaui*, le *Rhinocladium Schenki* (fig. 7) ou ses races souvent

décrites comme espèces, agglomère les conidies de ces diverses Sporotri-
chées. La fixation de l'alexine n'est pas plus strictement spécifique.

C'est sur un Champignon globulo-filamenteux répondant à la caractéristique du *Monilia Pinoyi*, alors confondu avec le parasite qui cause le
muguet, qu'H. Roger découvrit une mycose infectieuse, renversant la
barrière élevée entre les maladies infectieuses et les maladies parasitaires
en vertu du préjugé qui conférait aux bactéries le monopole de l'infection.

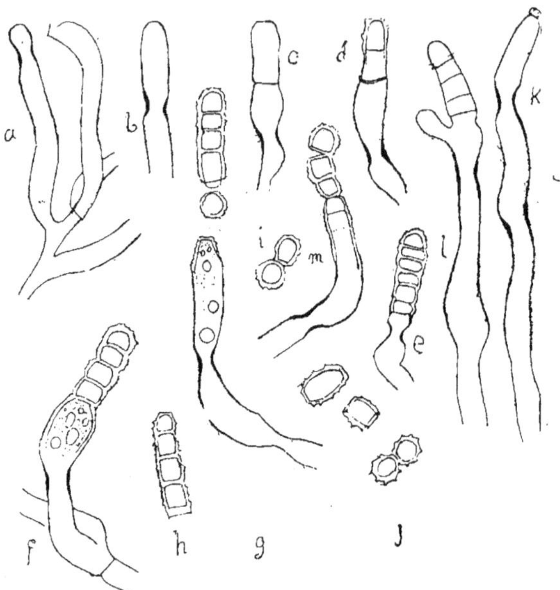


Fig. 6. — *Hemispora stellata. a-b*, protoconidies ; *c-g*, formation
des arthrospores : *H-j*, arthrospores : *H-m*, accrescence des
protoconidies. Reproduction d'une gravure originale (Gr. : 530).

Les expériences de Roger (1896) marquent une date mémorable ; elles
méritent d'être connues.

Roger tue à coup sûr un lapin en lui injectant dans les veines de 1 cc.
à 1 cc. 5 de culture provenant directement d'un malade ou repiquée un
petit nombre de fois. Weld Smith, de Boston (1924) a injecté sans préjudice dans les veines de lapin une dose de 10 cc. de culture du *Monilia
albicans* du muguet. Roger vaccine le lapin en lui injectant, à des inter-
valles suffisamment espacés, des doses croissantes, à partir de 0 cc. 1 à
0 cc. 2. Peu à peu l'animal supporte des doses doubles et même triples de
la dose mortelle pour le lapin neuf, c'est-à-dire non préparé. Donc, des

antigènes sécrétés par le parasite végétal et introduits dans le sang ont provoqué chez son hôte des anticorps immunisants.

Les anticorps spécifiques provoquent l'agglomération des globules du *Monilia* de Roger. On le prouve en émulsionnant une culture sur gélose dans une solution de sérum de lapin vacciné. Au bout de 10 à 15 minutes, les globules commencent à se rapprocher et à s'entasser comme les bactéries dans la réaction de Widal.

Cultivé dans le sérum de lapin vacciné, le *Monilia* revêt une allure maladive ; les membranes cellulaires se 'gonflent, deviennent gluantes ; les filaments s'allongent peu, prennent un aspect variqueux et s'agglutinent en masses informes (fig. 1, p. 11).

Redaelli (1926) obtint l'agglomération des globules normaux du *Monilia Pinoyi* dans le sérum de malade additionné de 150 parties d'eau physiologique (1) et la fixation de l'alexine avec le sérum de lapins préparés par inoculation de *M. Pinoyi* ou vaccinés avec les cultures tuées par la solution iodo-iodurée de Lugol. La réaction n'est pas strictement spécifique ; toutefois elle est moins accusée en présence d'autres espèces.

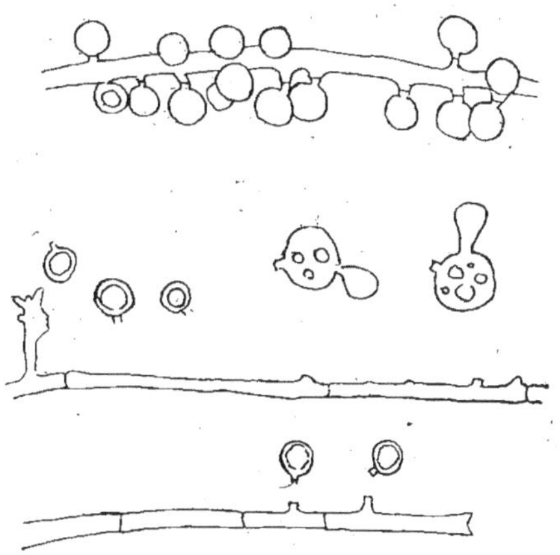

Fig. 7. — *Rhinocladium schenki*, agent de la sporotrichose de de Beurmann, brachymycose à *Rhinocladium* de Vuillemin. Original (Gr. : 425).

Le *Monilia brasiliensis* cause une mycose étudiée au Brésil par Lutz, puis par Splendore. Il produit des nodules s'ulcérant rapidement, s'étendant de la muqueuse buccale au larynx, aux bronches, aux poumons et, par voie lymphatique à d'autres viscères. En faveur de la nature infectieuse de la maladie, on invoque l'intradermoréaction constante.

Parmi les blastomycoses typiques, citons la brachymycose bronchopulmonaire de Potron qui répondait au tableau clinique d'une phtisie incurable. Elle céda pourtant à un traitement intensif par l'iodure de potassium. Son agent, le *Saccharomyces Etiennei*, est aggloméré par le sérum du malade dilué à 1 : 200. La mycose est donc infectieuse.

La nature infectieuse des teignes est plus imprévue. On est porté à y voir des affections locales de la peau, des poils ou des ongles, déterminées

_______________

(1) Additionnée de 8 p. 1.000 de sel pour la rendre isotonique au sérum.

par des Champignons dont les hyphes se fragmentent rapidement. A défaut d'organes reproducteurs servant de base à la classification normale, les Trichophytées ou Champignons des poils sont réparties, pour les besoins du diagnostic, dans les genres pathogéniques *Achorion*, *Microsporon*, *Trichophyton*, *Trichosporon*. On les croyait justiciables d'un traitement parasiticide, supprimant le mal.avec sa cause.

Remarquons que l'aptitude à la teigne varie avec les individus, que, chez un même sujet, elle change avec l'âge. Le *Microsporon Audouini* détermine chez les enfants une teigne réfractaire au traitement. Et pourtant .cette tondante rebelle guérit spontanément à l'âge de la puberté. Que se passe-t-il alors ? Les humeurs sont modifiées par les sécrétions internes déversées par les glandes endocrines qui entrent en jeu avec l'éveil de l'activité sexuelle. Nous tirons de ce fait l'indication de l'opothérapie dans la cure de la tondante rebelle.

Si les Trichophytées sont sensibles à la constitution humorale de leur hôte, elles l'altèrent à leur tour et causent parfois une véritable infection démontrée par des preuves pathologiques et expérimentales.

La preuve pathologique de l'infection est fournie par les exanthèmes trichophytiques. Dans un cas de favus, Ambrosoli, de Milan (1923) relève une réaction cutanée généralisée, se traduisant par un érythème sans parasite. Il l'attribue au transport par le sang de l'endotoxine libérée par la lyse de l'*Achorion Schœnleini*. C'est plutôt un anticorps, formé sous l'action de l'antigène dégagé du parasite ; sa présence est un signe d'infection, dont l'érythème est le symptôme clinique. Nous rattachons aux exanthèmes trichophytiques des éruptions polymorphes, lichénoïdes, scarlatiniformes, exsudatives, signalées par Martinotti, de Sienne (1923), chez des enfants envahis, soit par les *Achorion*, soit par les *Microsporon*, soit par les *Trichophyton*. Ces érythèmes fournissent au clinicien un symptôme révélant l'action infectieuse des Trichophytées.

Les preuves expérimentales. de l'infection sont tirées de l'intradermoréaction, plus sûrement de la fixation de l'aléxine.

G. Falchi (1924) préconise l'intradermoréaction.

Plato s'adresse d'abord à une Trichophytée déterminant des lésions profondes, dermiques, le *Microsporon Mentagrophytes* ; il prend une culture de deux à trois mois, développée à l'étuve dans du bouillon de viande maltosé ; le mycélium est broyé ; l'extrait filtré, additionné de 2,5 °/oo de phénol, est la trichophytine de Plato. Injectée à des sujets atteints de teigne dermique, la trichophytine provoque une ascension thermique, quelquefois un mouvement fébrile, tandis que les témoins ne réagissent pas. Le *Microsporon Audouini*, dont l'action est plus superficielle, fournit des résultats semblables. Truffi (1904) confirme ; il ajoute que le principe spécifique est soluble dans l'alcool et résiste à la température de 120°.

Au lieu de trichophytine, Skrzinski (1910) insère sous la peau des lapins une parcelle de culture, soit de *Microsporon Mentographytes*, soit de *M. Audouini* var. *Canis*, soit d'*Achorion Quinckeanum* ; toutes ces espèces provoquent la même réaction ; l'inoculation est suivie d'érythème local. Si les trois espèces sont introduites simultanément dans un organisme neuf, elles se montrent toutes actives. Le résultat, au contraire, est négatif, si l'on tente une nouvelle inoculation à un animal guéri de l'une quelconque des trois mycoses. L'immunité acquise dénote une infection préservatrice.

Une teigne guérie rend réfractaire, au moins pour un temps, aux agents de teignes spécifiquement différentes ; l'immunité est acquise contre un groupe de maladies par la vaccination spécifique contre une seule maladie de ce groupe. Il ressort de ce fait que les espèces en cause renferment un antigène commun.

La fixation de l'alexine, suivant le procédé de Bordet et Gengou, fournit la preuve directe de la nature infectieuse de diverses trichophyties, dont la teigne est l'affection la plus apparente.

Ach. Urbain et J. Barotte (1926) emploient comme trichophytine une émulsion, en eau physiologique, de cultures de diverses Trichophytées sur gélose maltosée. L'émulsion, filtrée sur coton, est injectée à des cobayes. Le sérum des animaux ainsi préparés se prête à la réaction de fixation à un taux parfois très élevé. La réaction est positive dans 85 % des cas.

En démontrant la nature infectieuse des trichophyties, on a établi que les teignes sont le stigmate visible d'une altération profonde pouvant ébranler la résistance de l'organisme à d'autres maladies.

* * *

**Agents filtrants.** — L'infection susceptible d'être causée par des Champignons visibles sans effort ou par des animaux énormes pour des parasites, est aussi l'œuvre d'animaux descendant au-dessous des dimensions bactériennes, assez fins pour passer à travers les pores des filtres en terre d'infusoires (bougies Berkefeld) ou en porcelaine dégourdie (bougies Chamberland). Ce sont les animaux filtrants dont la connaissance rentre directement dans le cadre de ce livre.

Notons au préalable que tous les virus filtrants ne sont pas des animaux. Des bactéries, des végétaux généralement faciles à voir au microscope offrent temporairement des formes assez petites pour filtrer à travers les bougies poreuses.

* * *

Parmi les bactéries, Paul Hauduroy (1927) a filtré des cultures de Streptocoques. En cultivant avec Lesbre le filtrat, il obtint le retour à la forme bactérienne. On aperçoit d'abord une gelée amorphe insensible aux colorants ; puis, au sein de cette gelée, s'alignent des grains ronds ou oblongs colorés par le procédé de Gram ; la gelée se condense en gaines revêtant chaque file et enfin disparaît, laissant à nu des Streptocoques limités par une membrane.

* * *

Comme exemple de végétaux, prenons le Champignon de la tuberculose. Les bâtonnets bacilliformes et les filaments du *Sclerothrix tuberculosis* ne peuvent s'introduire activement dans les tissus à la manière des Protozoaires ; d'autre part, leurs dimensions ne leur permettent pas de filtrer à travers la paroi des vaisseaux. Et pourtant nous allons signaler la tuberculose congénitale, qui ne peut s'expliquer autrement que par le passage du parasite de la mère au fœtus à travers le placenta. L'énigme est résolue par la découverte de germes filtrants détachés des formes habituelles et susceptibles de les régénérer.

A. Fontès, à Rio de Janeiro (1910) filtra sur bougie Berkefeld du pus d'abcès tuberculeux dans lequel il ne distinguait que des formes granuleuses. L'inoculation du filtrat provoqua, chez le cobaye, une lente hypertrophie des ganglions lymphatiques dans lesquels il décela la forme typique du Bacille de Koch.

Verdina (1926) essaya vainement d'obtenir des cultures dans les mêmes conditions ; par contre, ayant filtré sur bougie Chamberland L2 des crachats de tuberculeux ou des cultures de *Sclerothrix*, il inocula 10 cc. de filtrat dans le péritoine de 68 cobayes ; 36 offrirent des lésions tuberculeuses bacillifères.

Vaudremer (1927) résume les résultats de recherches qu'il poursuit depuis un tiers de siècle sur l'hétéromorphie de l'agent de la tuberculose ; les formes granulaires sont les plus constantes, souvent assez petites pour échapper à l'examen microscopique ; il n'en aperçoit pas d'autres dans le pus des tumeurs blanches non fistulisées. Vaudremer et Hauduroy, injectant les filtrats dans les veines des cobayes, en virent 23 sur 25 périr en une dizaine de jours sans trace évidente de tuberculose ; toutefois le sang du cœur contenait la forme classique du Bacille de Koch. Au lieu de septicémies rapidement mortelles, les filtrats repiqués tous les mois pendant un an ne donnent au cobaye que des lésions torpides rappelant les tuberculoses chirurgicales.

Henri Durand (janvier 1926) donne la tuberculose aux animaux avec le pus des abcès froids, le suc des ganglions mésentériques, le liquide pleural clair ou purulent où le microscope ne révèle rien. F. Arloing et Dufourt (février 1926) démontrent l'existence du virus filtrant dans les poumons, les adénites, la méningite tuberculeuse.

L'inoculation de doses infimes de cultures tuberculeuses peut sembler tout d'abord inoffensive quand, en réalité, elle détermine une contamination inapparente, qui se révèlera bientôt par le retour du virus filtrant aux formes manifestes. Valtis (1926) avait inoculé dans les veines d'un lapin un dix millième de milligramme de Bacilles de Koch. L'animal, ayant paru insensible, fut sacrifié au bout de 14 jours. La rate, saine en apparence, fut broyée, puis fitrée sur bougie Chamberland L2. Deux cobayes, inoculés avec le filtrat, ne présentèrent aucune lésion au niveau de la piqûre ni dans les ganglions voisins ; mais des formes bacillaires acido-résistantes furent décelées dans les ganglions bronchiques, ainsi que dans les lésions caséeuses de la rate et de l'épiploon.

La forme filtrante du *Sclerothrix tuberculosis* passe dans le lait. Paul Rossi (1928), filtre sur bougie Chamberland L 3 le lait d'une vache atteinte de tuberculose généralisée avec une infinité de petits foyers caséeux dans la mamelle. Le filtrat fut injecté sous la peau de trois cobayes de 500 grammes à des doses variant de 1 cc. 5 à 2 cc. 5 ; il n'y eut pas de chancre d'inoculation ; les ganglions trachéo-bronchiques hypertrophiés contenaient de rares groupes de 7-8 bâtonnets acido-résistants et de plus rares bâtonnets dont la coloration était enlevée par les acides. La réaction à la tuberculine apparut au bout de 33 jours chez un cobaye, de 62 jours chez l'autre ; elle commença à s'atténuer 45 jours plus tard chez un sujet.

Les formes filtrantes sont nommées ultravirus tuberculeux par Calmette, Valtis, Boquet et Nègre qui démontrent (1925) leur passage à travers le placenta des cobayes. F. Arloing et A. Dufourt (1925, 1926) confirment et signalent, en outre, une transmission intra-utérine de l'ultravirus d'une mère phtisique à son enfant né avant terme. Isolé dès sa naissance, l'enfant succombait au bout d'un mois sans lésions apparentes. Le suc de ses ganglions mésentériques fut filtré et le filtrat inoculé au cobaye ; deux mois plus tard, plusieurs groupes ganglionnaires de l'animal contenaient des bâtonnets acido-résistants ; il n'y avait pas d'ailleurs de lésion visible.

Calmette, Valtis et Lacomme (1926) relatent l'autopsie de dix enfants ou fœtus n'ayant eu, après leur libération, aucun contact avec leur mère tuberculeuse. Nous en retiendrons neuf dont l'examen fut complet ; chez trois d'entre eux, on trouva des formes bacillaires ; les viscères ou les ganglions des six autres, où le virus était invisible, furent inoculés aux cobayes ; des bâtonnets acido-résistants peu nombreux apparurent dans les ganglions des animaux expérimentés. Ces données sont confirmées (1926) par Émile Sergent, H. Durand et R. Benda.

Calmette (1928) résume les observations relevées, du 1er janvier 1926 à la fin de mars 1928, sur 25 enfants ou fœtus de mères tuberculeuses. 20 renfermaient tout au moins, dans leurs viscères ou leurs organes lymphatiques, des éléments filtrants qui reproduisirent, chez le cobaye, le type du Bacille de Koch. L'un d'eux offrit des lésions de granulie pulmonaire visibles à l'œil nu et d'abondants bâtonnets acido-résistants dans tous les organes, en un mot, les signes classiques de la tuberculose. Calmette croit pouvoir conclure que l'ultra-virus ne semble qu'exceptionnellement dangereux pour le fœtus ou pour le nouveau-né. Cette conclusion me surprend, puisque tous ceux dont il s'occupe étaient morts, dont 1 sur 20, soit 5 % de granulie évidente.

Un fait domine toutes les interprétations : c'est que la tuberculose congénitale existe chez l'homme aussi bien que chez l'animal. C'est un fait qu'il serait dangereux de méconnaître ou de confondre avec la prédisposition des descendants de tuberculeux, qualifiée improprement d'hérédo-tuber-culose.

Si les enfants naissent rarement tuberculeux, c'est que la maladie les tue pour la plupart dans le sein de leur mère. La transmission ne pourrait être prévenue que par la cure des parents.

La contagion précoce est beaucoup plus commune que la tuberculose congénitale. Les expériences de Rossi nous avertissent du danger de l'allaitement par une mère ou une nourrice tuberculeuse. Il est cruel de séparer une mère de son nouveau-né. On s'y est d'abord résigné. Mais l'enfant, privé de la sollicitude de ses proches est en état d'infériorité pour résister aux germes qui guettent son organisme débile. Aussi tous les espoirs se tournent-ils vers les progrès de la biologie qui tendent à rendre réfractaire à l'action délétère du *Sclerothrix*.

On cherche le remède dans le mal même par l'emploi du Champignon atténué. La thérapeutique en a, la première, tiré parti. Rappin, de Nantes, obtenait des succès avec des cultures atténuées par le fluorure de sodium à 3 %, puis soumises au contact d'un sérum antituberculeux.

Vaudremer, Puthomme et Paulin (1927) obtiennent des résultats merveilleux en ayant recours aux formes granulaires, non acido-résistantes, ne produisant pas de tuberculine. Les cultures sur gélose sont émulsionnées dans l'eau physiologique et tuées par chauffage à 59° avant d'être injectées, parce que leur virulence, dont on a reconnu l'exaltation par des repiquages successifs sur des milieux contenant du sérum glycériné de cheval ou de bœuf, risquerait d'être récupérée par multiplication dans l'organisme. Leur action thérapeutique est établie par le traitement complet de 261 tuberculeux du service du D$^r$ Gosset. Les tuberculoses pulmonaires furent traitées par voie buccale, les tuberculoses externes par inoculation sous-cutanée. On compta 197 guérisons, 48 améliorations. Restent 16 cas dont 10 stationnaires et 6 où le traitement fut suivi d'aggravation inexpliquée.

Les mêmes émulsions ont une action préventive. Injectée dans les veines d'animaux sains, l'émulsion de granules morts fait apparaître des anticorps spécifiques. 80 % des cobayes ayant reçu une inoculation sous-cutanée ont acquis une immunité durable.

Vaudremer fait aussi des cultures à 38° dans du bouillon de pomme de terre. En milieu si pauvre, les éléments perdent l'acido-résistance et s'allongent, surtout dans la profondeur, où ils passent aux microsiphons rameux. Ces cultures, loin de donner la tuberculose au cobaye, le vaccinent contre les inoculations virulentes.

Enfin des procédés de même ordre sont appliqués à la préservation de l'espèce humaine par Calmette, Guérin, Nègre et Boquet. S'adressant à des *Sclerothrix* d'origine bovine, ces expérimentateurs arrivent par une longue série de repiquages sur des milieux très alcalins, riches en lipoïdes, tels que la bile de bœuf, à fixer une forme dont les bâtonnets, souvent allongés en filaments, gardent l'acido-résistance et produisent de la tuberculine. Cette race atténuée est connue, depuis 1926, sous le nom de vaccin B. C. G. (vaccin bilié de Calmette, Guérin et consorts). Inoculé ou ingéré vivant, il rend les animaux réfractaires aux inoculations virulentes. La préservation reste efficace pendant plus d'une année chez les singes anthropoïdes et les jeunes bovidés, moins longtemps chez les Rongeurs.

Toutefois le vaccin B. C. G. n'offre pas la même sécurité que le vaccin de Vaudremer. Chez les sujets déjà tuberculeux, la tuberculine qu'il répand renforce l'action du parasite déjà établi. Avant de l'appliquer à l'homme, il est recommandable de s'assurer que le sujet est exempt de tuberculose latente. Chez le nouveau-né, il faut compter avec la tuberculose congénitale, rare, mais indéniable. Un procédé bien simple, la réaction cutanée à la tuberculine, suffit à démasquer beaucoup de tuberculoses méconnues, contre-indiquant la vaccination.

Sous cette réserve, le vaccin B. C. G. confère à la plupart des nourrissons et autres sujets une immunité qui est prolongée indéfiniment par des ingestions réitérées.

La vaccination, par voie sous-cutanée ou buccale, des enfants ne réagissant pas à la tuberculine, nés de mère tuberculeuse ou élevés dans un milieu contaminé, coïncide, à Paris, avec une diminution de la mortalité des enfants de moins d'un an. D'après la statistique de Calmette, le taux des décès est tombé, de 1922 à 1926, de 25 % à moins de 1,8 %. Il est difficile d'apprécier la part qui revient, dans ce résultat impressionnant, à l'application plus rigoureuse de l'hygiène du premier âge, qui a marché de pair avec la vaccination.

L'emploi du B. C. G. a largement·contribué, avec les soins qui l'accompagnent, à réaliser ce prodige, de préserver le poupon sans le séparer de son milieu familial.

On a signalé quelques accidents consécutifs à l'administration du B. C. G. Ces accidents n'ont, en général, rien de commun avec la tuberculose. Ces faibles risques ne sauraient être mis en balance avec les dangers que court le nourrisson dans certains milieux. C'est au médecin à prendre ses responsabilités et à décider, sans contrainte, si les circonstances justifient son intervention.

Il est à présumer que le *Sclerothrix lepræ* possède aussi une forme filtrante. De même que la tuberculose, la lèpre passe de la mère au fœtus. Montero (1927) a trouvé le *Scl. lepræ* dans le liquide amniotique, le sang placentaire, un caillot provenant de l'ombilic fœtal, le sang et les phlyctènes de l'enfant qui mourut à un mois et demi, bien qu'il ait été isolé de sa mère lépreuse dès la naissance. Le résultat négatif de l'inoculation au cobaye exclut toute confusion avec la tuberculose.

# CHAPITRE III

## MÉTAZOAIRES INFECTIEUX

On connait des agents infectieux dans deux embranchements de Métazoaires, les Vers et les Nématés, parmi les animaux que les médecins confondaient autrefois sous le nom d'Helminthes. Les premiers forment la classe des Platodes, où les caractères des Vers, obscurcis chez l'adulte par les adaptations parasitaires, sont parfois évidents au début du développement. Ces caractères (organes segmentaires, cils vibratiles) manquent constamment aux Nématés, qui forment un embranchement aussi proche des Arthropodes que des Vers.

### Platodes

Dans la classe des Platodes, des parasites se répartissent entre deux ordres, Trématodes et Cestodes ; ils sont presque tous hétéroxènes, c'est-à-dire astreints à adopter successivement des hôtes d'espèces différentes.

* * *

**Trématodes**. — Les Trématodes ont pour premier hôte un Mollusque, parfois un hôte intermédiaire, Mollusque carnassier, Crustacé ou Poisson, dévorant le premier. Le parasitisme est entrecoupé de stades libres, où l'animal, agile ou enkysté, ne s'alimente pas, se bornant à utiliser les réserves accumulées aux dépens de l'hôte précédent. Cet ordre comprend entre autres les Distomidés, tels que le *Fasciola hepatica* ou grande Douve du foie des Ruminants et de l'homme et les Schistosomidés, agents des bilharzioses, maladies ainsi nommées en l'honneur du médecin qui découvrit en 1852 un parasite du sang considéré avec raison comme l'agent de l'hématurie d'Egypte. Il le nommait *Distomum hæmatobium*. Weinland (1858) reconnut que ce n'est pas un Distomidé et créa le genre *Schistosoma*, devenu *Schistosomum* par rectification orthographique.

La connaissance des parasites a permis de distinguer trois sortes de bilharzioses, la bilharziose hématurique causée par le *Schistosomum hæmatobium*, la bilharziose intestinale causée par le *Sch. mansoni*, la bilharziose artério-veineuse causée par le *Sch. japonicum* ; les deux premières, communes en Egypte, étaient confondues par Bilharz ; la troisième fut découverte depuis.

Le *Sch. hæmatobium* (fig. 8) est répandu sur tout le pourtour du continent africain ; il règne en Asie de l'Arabie à l'Inde ; en Europe, on le trouve en Portugal (Bettencourt et Borges,1927) ; il semble acclimaté à Chypre et en Grèce : ce parasite tenace est observé en France chez les sujets l'ayant contracté dans ses foyers naturels.

Le *Sch. mansoni* est signalé sur de nombreux points du continent africain ; il s'acclimate sur divers territoires de l'Amérique du Sud ; sa limite septentrionale atteint les Antilles et le Sud des Etats-Unis.

Le *Sch. japonicum*, autochtone en Extrême-Orient, est l'agent d'une maladie appelée bilharziose sino-japonaise aussi souvent que bilharziose artério-veineuse.

La nature infectieuse des bilharzioses est démontrée par les séro-réactions. En Egypte, Fairley (1919) obtient constamment la fixation de l'alexine dans 600 expériences. Il prend du sérum d'hommes hébergeant, soit le *Sch. hæmatobium*, soit le *Sch. mansoni* ; il le met en présence de foie de Mollusques renfermant des larves de *Schistosomum* ; le résultat est positif, quelle que soit l'espèce fournissant l'anticorps du sérum et que l'antigène provienne de larves de *Sch. hæmatobium* dans un foie d'*Isidora* ou de *Sch. mansoni* dans un foie de *Planorbis*. La réaction de fixation est obtenue par Cawston (1921) à Durban (Natal), en prenant un foie de *Physopsis africana* contenant des larves de *Sch. bovis* comme antigène et en le mettant en présence du sérum d'un malade qui avait contracté le *Sch. japonicum* en Chine trente ans auparavant et dont les

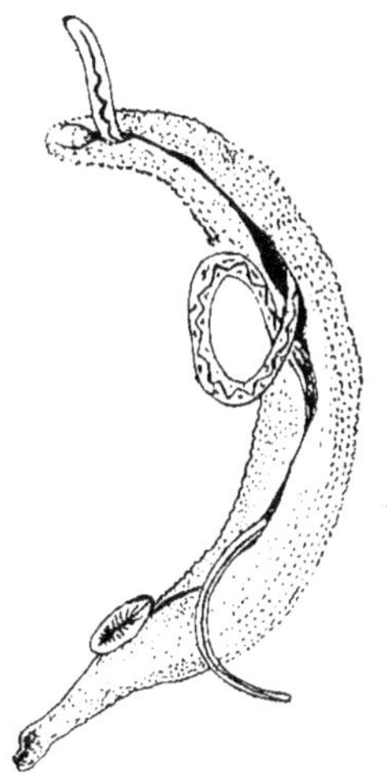

Fig. 8. — *Schistosomum hæmatobium*. Femelle portée dans la gouttière gynécophore d'un mâle. D'après Looss.

selles éliminaient encore des œufs de ce Trématode. La réaction, alors positive, fut négative après deux mois de traitement à l'émétique.

La réaction n'est pas spécifique puisqu'un foie de Mollusque envahi par une espèce quelconque de *Schistosomum* la produit dans les bilharzioses à *Sch. hæmatobium*, *mansoni* ou *japonicum*, indistinctement. C'est une réaction de groupe franchissant les limites du genre et même de la famille, car W. A. Murray réussit en mettant en présence le foie de Mollusques atteints de *Schistosomum bovis* et le sérum de mouton hébergeant dans son foie le *Fasciola hepatica*.

## Cestodes

Les Cestodes parasites de l'homme rentrent dans deux familles, les Bothriocéphalidés et les Téniidés, nous attaquant, soit au stade larvaire, soit au stade adulte de strobile connu sous le nom vulgaire de vers rubanés. L'infection est produite par des strobiles de chaque famille, par des larves de la seconde.

* * *

**Bothriocéphale.** — Commençons par le Bothriocéphale (*Bothriocephalus latus*). Le strobile atteint plusieurs mètres de longueur ; il est composé d'une infinité de chaînons ou proglottis, n'ayant aucune tendance à se séparer. A mesure qu'ils mûrissent, les proglottis pondent, par un orifice spécial qui manque aux Ténias, l'énorme quantité d'œufs qui les distendait. Après cette évacuation, les proglottis flétris commencent à se décomposer sans rompre leur attache avec la portion plus jeune de la chaîne encore pleine de vitalité. Il en résulte qu'un strobile âgé, sans cesse rajeuni dans sa portion supérieure par le bourgeonnement continu de nouveaux proglottis, traîne à sa remorque une série d'anneaux mortifiés (fig. 9).

Ce détail a une grande importance pour nous expliquer pourquoi la bothriocéphalose peut revêtir, rarement il est vrai et dans les pays arriérés, l'allure d'une infection pernicieuse.

Les porteurs de Bothriocéphale ont l'appétit légendaire que l'opinion populaire met sur le compte du ver solitaire. Le Bothriocéphale n'est pas toujours isolé ; une même personne en a éliminé jusqu'à 90. Cependant quand ils sont multiples, ils se font concurrence et un petit nombre prend le dessus. L'intestin d'une femme autopsiée par Böttcher, renfermait une centaine de Vers de quelques pouces (quarts de décimètre) et un seul long d'une aune (1 m. 20) environ.

Un seul Bothriocéphale suffit à provoquer la boulimie. On a cru pouvoir expliquer cette faim inassouvie par la concurrence alimentaire du Cestode détournant à son profit la nourriture de son hôte. Les chiffres renversent

Fig. 9.— *Bothriocephalus latus.* Portion postérieure du strobile vidée et flétrie. D'après R. Blanchard.

cette thèse enfantine. Nous pouvons calculer les exigences du parasite, au moins approximativement, en mesurant sa croissance en un temps donné. Max Braun, de Dorpat (1883), nous fournit les données du problème. Il trouva parmi ses élèves trois volontaires qui avalèrent chacun trois plérocercoïdes (larves de Bothriocéphale) extraits de la chair du Brochet. Au bout d'un an, l'extrait éthéré de fougère mâle fit rendre à l'un deux strobiles entiers, à un autre trois, au dernier des fragments. Tablons sur le plus grand strobile, long de 4 m. 528. Admettons une largeur moyenne d'un centimètre, une épaisseur d'un millimètre, un poids spécifique 2 ; nous obtenons un poids de 90 gr. 56 emprunté annuellement par le parasite aux aliments digérés de son hôte, à peine un quart de gramme par jour.

Une pelote de Bothriocéphale est animée de contractions et de déplacements exerçant un frottement doux sur le paroi intestinale. L'excitation provoquée par ces légères frictions impressionne le système nerveux et fait naître des réflexes. Les terminaisons nerveuses répandues dans la muqueuse intestinale transmettent l'excitation aux centres bulbaires régulateurs des sécrétions du tube digestif. En présence du Bothriocéphale, les réflexes modifient surtout la sécrétion gastrique ; les acides libres, acide lactique acide chlorhydrique, sont absents de l'estomac ; comme il est de règle en cas de défaut d'acidité gastrique, l'estomac évacue rapidement son contenu ; il en résulte des tiraillements d'estomac, une sensation de vide, de faim insatiable ; la boulimie est un effet indirect, mais fatal, de l'action mécanique du Bothriocéphale.

L'hôte du Bothriocéphale mange beaucoup et digère bien. Il n'a pas de dyspepsie : le suc gastrique, rejoignant dans le duodénum le suc pancréatique, garde sa capacité digestive normale ; on peut en inférer qu'en dépit de l'absence d'acides libres dans l'estomac, le chlore ne fait pas défaut ; il se combine sans dégagement de gaz.

Le Bothriocéphale n'a pas d'organes excréteurs ; les échanges superficiels répandent autour de lui des composés auxquels on ne connaît pas de propriétés toxiques : les substances susceptibles d'agir sur son hôte sont retenues dans son corps tant qu'il est vivant.

On a démontré que le strobile intact contient un antigène capable de provoquer la formation d'anticorps. Isaac et van der Welden, ayant reconnu que le sérum des lapins neufs n'est pas modifié par l'extrait de Bothriocéphale, préparent des lapins en leur injectant de tels extraits. A la suite de cette opération, leur sérum est précipité par une trace d'extrait autolysé de Bothriocéphale. L'infectiosité révélée par cette séro-réaction ne se manifeste pas chez l'homme tant que le parasite est intact.

Il en est autrement quand le strobile vieilli traine une séquelle de proglottis en décomposition. Le tableau clinique présente alors l'allure de l'anémie pernicieuse. Le nombre des hématies tombe de 5 millions à 2 millions et même 500.000 par millimètre cube. Parallèlement à la destruction des hématies, Schaumann signale l'hémoglobinurie ; l'urine est fortement colorée. La dénutrition se manifeste en outre par l'élimination d'azote qui, dans les 24 heures, dépasse de 4 grammes la quantité dosée dans les aliments. La déperdition d'azote n'est pas la conséquence de la fièvre, car la température restait normale chez les anémiques où elle fut observée.

L'anémie pernicieuse bothriocéphalique est le signe manifeste de l'infection. La séro-réaction de précipitation est positive parce que l'antigène correspondant s'échappe des portions mortifiées et macérées. La décomposition cadavérique des proglottis usés fournit un nouvel antigène sensibilisant les globules rouges du sang du malade à l'action lytique de l'alexine normale et entraînant l'hémolyse qui cause l'anémie.

L'anémie est bien l'œuvre des produits émanant du Bothriocéphale altéré, car elle a disparu avec son cortège symptomatique par l'expulsion du parasite. La cure radicale a été obtenue au moyen des anthelminthiques par Botkine à Saint-Pétersbourg, par Reyher à Dorpat, par Runeberg, par Schaumann à Helsingfors.

Inconnue tant que le strobile est jeune et intégralement vivant, l'anémie est une complication tardive. Rarement

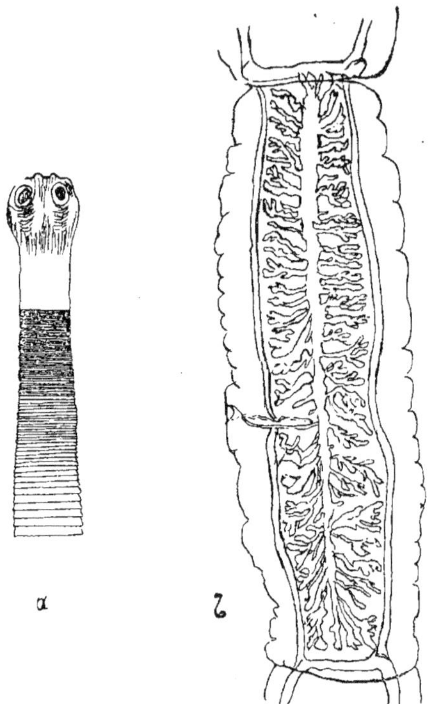

Fig. 10. — *Tænia saginata. a*, Scolex et premiers anneaux ; *b*, derniers anneaux prêts à se détacher (*a*, d'après Leuckart ; *b*, d'après Sommer).

signalée en Suisse où la médecine est avancée et vigilante, elle est fréquente dans les provinces baltiques où la maladie s'invétère. L'exemple de la Roumanie nous montre la disparition de l'anémie bothriocéphalique à mesure que la médecine progresse. Babes l'y signalait en 1896. En 1911, Lucie Léon n'y découvre, ni anémie, ni troubles hématologiques liés à la présence du Bothriocéphale. Son père (1922) n'en constate pas davantage à Jassy chez des personnes hébergeant même deux ou trois Cestodes.

L'anémie pernicieuse est fréquente quand de nombreux Bothriocéphales se font concurrence (7 dans l'observation de Zinn, 67 dans un cas d'Askanazy). Leur mortification au moins partielle est la condition capitale. Des Bothriocéphales en partie macérés ont été expulsés dans les cas d'anémie décrits par Viltshur, Courmont, André de Toulouse.

L'anémie bothriocéphalique ne résulte pas du parasitisme ; c'est un accident consécutif au parasitisme par lui-même bénin.

* * *

**Ténias.** — Parmi les Téniidés, les strobiles des grands Ténias, tels que le *Tænia saginata* (fig. 10), provoquent la formation d'anticorps qu'on retrouve assez souvent (non constamment) dans le sérum de l'hôte. On a trouvé notamment une sensibilisatrice fixant l'alexine suivant le procédé de Bordet et Gengou en présence d'un extrait du même Cestode. Un résultat positif est obtenu 3 fois sur 4 par Weinberg, 4 fois sur 12 par Kurt Meyer (1910) avec le *T. saginata*. L'anticorps n'est pas rigoureusement spécifique ; Kurt Meyer fixe l'alexine en mettant le sérum des porteurs de *T. saginata* en présence de liquide hydatique ou d'un extrait alcoolique de membrane hydatique. Réciproquement, le sérum d'un sujet opéré de kyste hydatique fixe l'alexine en présence de l'extrait de *T. saginata*.

Le strobile des Ténias, comme celui du Bothriocéphale, retient dans ses tissus un autre antigène dont l'anticorps a un pouvoir précipitant. Le sérum d'un lapin, auquel Lange (1905) avait injecté le produit de broyage de *T. saginata*, est précipité par le même extrait dilué à 1 pour 15.000 ; il est précipité aussi par des extraits d'autres espèces, à condition que la dilution soit moindre ; le liquide hydatique ne précipite qu'au taux de 1 pour 80.

Malvoz (1907) observa chez un mineur exempt d'Ankylostomes une grave anémie qui guérit à la suite de l'expulsion d'un millier de petits Téniidés appartenant à l'*Hymenolepsis nana*. L'accumulation des Cestodes avait amené entre eux une concurrence entraînant une grande mortalité. Comme en présence du Botriocéphale, l'anémie était provoquée par des produits cadavériques.

On peut être surpris que les parasites vermiformes de l'intestin, Nématodes comme Cestodes, dont le corps charnu est en grande partie composé d'albuminoïdes, vivent, sans être eux-mêmes digérés, dans les sucs digestifs qui dissolvent les viandes.

La physiologie nous apprend que la protéolyse ou dissolution des albuminoïdes (substances protéiques) n'est pas l'œuvre immédiate d'un seul ferment. Les sucs digestifs n'exercent leur action protéolytique que sur les albuminoïdes dont la stabilité a été ébranlée par la sécrétion des organes lymphoïdes de l'intestin. Cet ébranlement (κίνησις) est attribué par Delezenne à l'entérokinase, se comportant comme une sensibilisatrice. Dastre et Stassano (1903) constatent qu'une macération de *Tænia* ou d'*Ascaris* neutralise l'activité kinasique en rendant l'albumine insensible à l'action dissolvante des sucs digestifs. Ils en concluent que les Helminthes intestinaux renferment une antikinase.

Ces commensaux habituels de l'intestin jouissent d'une immunité héréditaire, comme si leurs lointains ancêtres leur avaient légué les anticorps grâce auxquels ils ont résisté à la digestion qui les menaçait. Ai-je besoin de souligner l'analogie de ce mécanisme avec l'acquisition de l'immunité par la réaction à une infection ?

Dans le même ordre d'idées, examinons le sort des bactéries de l'intestin en présence des Ténias ; les recherches approfondies de Jammes et Mandoul vont nous renseigner. Ces expérimentateurs broient des strobiles de *Tænia serrata* du chien ; le suc est étendu au tiers dans l'eau physiologique et filtré sur bougie Chamberland B. Si l'on ajoute une minime quantité de ce filtrat à un bouillon de culture où se développe abondamment le *Bacillus typhosus* ou le *Spirillum choleræ*, la multiplication est aussitôt arrêtée. Si l'addition de suc devance l'ensemencement, le bouillon reste stérile.

Nous trouvons là l'explication d'une opinion populaire très ancienne, formulée dès le début du xi^e siècle par Avicenne, médecin persan, l'un des premiers maîtres de l'Ecole arabe, suivant laquelle le ver solitaire est un talisman qui préserve notamment de la fièvre typhoïde. De fait cette maladie est rare chez les porteurs de Ténia.

Le vulgaire Colibacille, *Bacillus coli*, malgré son étroite affinité avec le *B. typhosus*, se comporte tout autrement. L'action du suc de *Tænia serrata* ne se fait pas sentir sur lui, du moins avec une telle intensité. Cette expérience paraît démontrer que les commensaux habituels du tube digestif jouissent d'une immunité persistante résultant de l'accoutumance acquise de temps immémorial par les espèces qui ont réagi efficacement contre l'action délétère des Cestodes qu'elles rencontrent communément, tandis que les espèces pathogènes qui arrivent accidentellement dans l'intestin restent désemparées.

* * *

**Hydatides**. — Trois sortes de larves vésiculeuses de Ténias se rencontrent chez l'homme : un cysticerque, un cénure, deux échinocoques. La vésicule du cysticerque offre une seule dépression au niveau de laquelle la surface invaginée forme une capsule enfermant le scolex qui doit bourgeonner en donnant la chaîne de proglottis qui constituera le strobile ; le scolex persistant deviendra la tête de l'adulte. Le cénure offre plusieurs invaginations semblables et produira autant de strobiles. L'échinocoque est plus compliqué ; les capsules aussi multiples ne gardent pas trace de l'invagination des types précités ; elles sont closes comme la vésicule ; chacune d'elles renferme plusieurs scolex insérés sur leur membrane, ce qui lui vaut le nom de capsule proligère (fig. 11).

Le cysticerque observé dans le tissu conjonctif, l'œil, les méninges cérébro-spinales de l'homme, est plus fréquent chez le porc dont il cause la ladrerie ; c'est la larve du *Tænia solium*, dont l'adulte vit dans l'intestin humain. Le cysticerque du *T. saginata*, fréquent chez les Bovidés, est exceptionnel chez l'homme, hormis en Argentine. Le cénure observé une seule fois dans le ventricule latéral du cerveau d'un serrurier parisien par P. Marie et Foix (1911) et étudié par Brumpt, est l'agent du tournis des moutons: l'adulte se développe dans l'intestin du chien. On trouve chez l'homme deux espèces d'échinocoques dont les adultes, *Tænia echinococcus* et *T. multilocularis* forment de très petits strobiles

dans l'intestin du chien, éventuellement du chat. La larve de la première est l'échinocoque hydatique ou hydatide, dont la vésicule est gonflée d'un liquide abondant ; la larve de la seconde est l'échinocoque multiloculaire ; elle ne mérite pas le nom d'hydatide.attendu que la vésicule est à peine gonflée de liquide ; sa membrane assez mince, non stratifiée, émet de nombreuses hernies représentant des vésicules-filles dont la cavité reste en communication avec celle de la vésicule principale. Les hydatides produisent des vésicules-filles, closes comme la vésicule-mère, se formant aux dépens

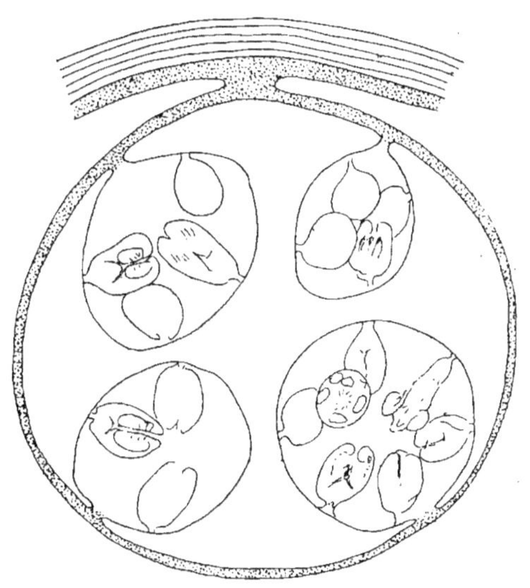

Fig. 11. — *Tænia echinococcus*. Capsules proligères partant de la membrane germinale d'une vésicule hydatique. Original.

d'enclaves germinales pincées entre les feuillets de la cuticule ; puis elles sont énucléées, soit à l'extérieur, soit à l'intérieur de la vésicule-mère (fig. 12).

Les maladies causées par les larves de Ténias sont la cysticercose, la cénurose, l'échinococcose hydatique et l'echinococcose multiloculaire causant des tumeurs alvéolaires à tendance ulcéreuse. Cette dernière maladie a une aire de répartition limitée à quelques districts de la Bavière et du Tyrol, d'où elle rayonne jusqu'au territoire français, à en juger par une observation faite à Genève sur un savoyard. D'autres cas signalés en France concernent les sujets immigrés des régions endémiques à Paris (J. Carrière, 1868), en Artois (J. Desoil, 1924). Quand on parle d'échinococcose, sans épithète, il est entendu qu'elle est hydatique.

Nous nous arrêterons seulement à l'échinococcose hydatique, dont la nature infectieuse est bien établie. D'habitude, l'hydatide exerce l'action irritante d'un corps étranger. Les tissus contigus, d'abord altérés, provoquent de proche en proche une réaction aboutissant, à la longue, à l'organisation d'une coque compacte. Cette membrane adventice est le kyste hydatique, produit de l'hôte, qu'on n'aura garde de confondre avec l'hydatide, qui est le parasite même (fig. 13).

Le kyste arrive rarement à prendre la dureté et l'imperméabilité du cartilage. Le plus souvent la sclérose n'est accusée que dans la zone externe qui reste néanmoins infiltrée de globules blancs à noyau simple. La zone interne, épithélioïde, divise normalement ses cellules. La zone moyenne est la plus épaisse, conjonctive, stratifiée, entremêlée de leucocytes et de capillaires de nouvelle formation.

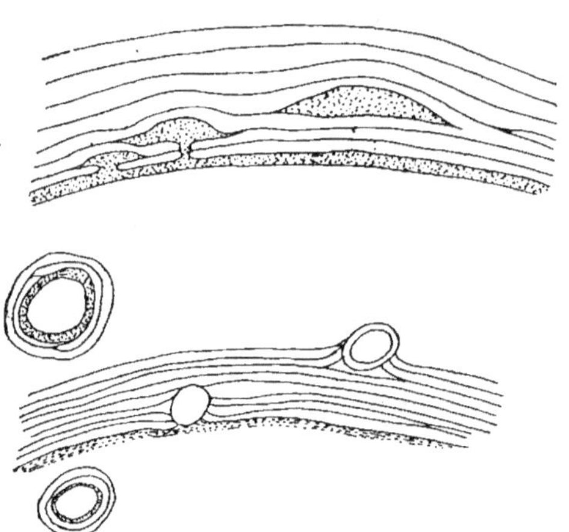

Fig. 12. — *Tænia echinococcus*. Vésicule hydatique à cuticule stratifiée et membrane germinale. Des vésicules-filles formées d'enclaves germinales pincées entre les feuillets de la cuticule sont énucléées en dedans ou en dehors. Original.

L'hydatide est logée dans le kyste comme le fœtus dans la matrice ; le kyste hydatique offre l'équivalent de l'utérus et du placenta. Le parasite est protégé et nourri aux frais de son hôte ; celui-ci trouve de son côté une sauvegarde dans cette combinaison biologique, car au prix d'un léger sacrifice, la gestation hospitalière prévient l'empiétement immodéré de l'étranger.

La nutrition commune de l'hydatide et de l'homme, comparable à une gestation, établit une corrélation entre la constitution physico-chimique de l'hôte et celle du parasite. Les échanges qui produisent cette corrélation sont démontrés par les séro-réactions. Parmi les anticorps correspondants aux antigènes propres aux hydatides, on trouve une sensibilisatrice révélée par la réaction de fixation de Bordet et Gengou.

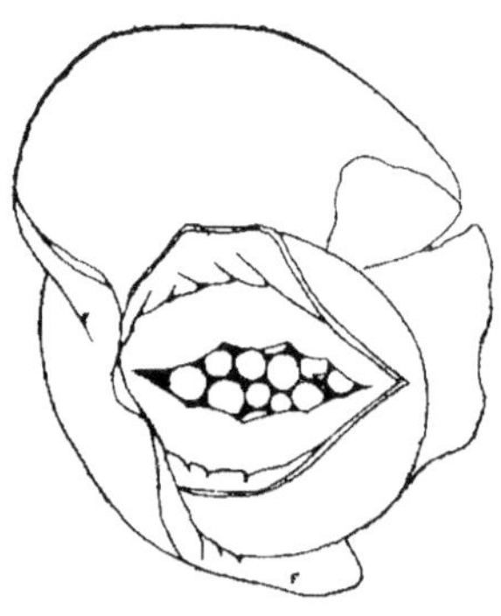

Fig. 13. — Kyste hydatique du foie dont la membrane adventice est collée à la vésicule ouverte laissant voir des vésicules-filles. D'après Ostertag

Si le sérum d'homme ou de bœuf hébergeant des hydatides contient la sensibilisatrice, celle-ci est fixée sur un antigène fourni par le liquide hydatique ou, à son défaut, par un extrait conservé de liquide ou membrane hydatique, extrait alcoolique (Parvu, 1909) extrait éthéré (Urioste et Scaltritti, 1911). Si la fixation s'est réellement opérée, le sérum n'assure plus, en présence d'alexine, la dissolution des hématies d'un mouton préparé.

La réaction n'est pas rigoureusement spécifique ; c'est une réaction de groupe, qui a réussi avec le sérum de porteurs de Ténias intestinaux mis en présence d'antigène hydatique.

Elle n'est pas d'une constante fidélité. Il n'y a pas lieu d'en être surpris. Les anticorps apparaissent dans le sérum dès le début du développement des hydatides ; mais les échanges se ralentissent ou restent confinés au voisinage de la larve à mesure que le kyste devient moins perméable. Sur les bœufs affectés de kystes hydatiques, Falciano (1912) observe la fixation de l'alexine dans 60 % des cas ; les statistiques humaines sont discordantes ; la plus favorable, obtenue à Orenbourg par Horowitz-Wlassona (1926) enregistre 90-95 % de succès. C'est un élément de diagnostic prôné par Guedini, puis par Weinberg et Parvu.

On a tenté d'appliquer au séro-diagnostic de l'échinococcose la réaction de précipitation. Fleig et Lisbonne (1907) ont obtenu un précipité dans du liquide hydatique additionné de sérum d'animaux auxquels ils avaient injecté du liquide ou une macération de membrane hydatique.

On n'obtint que des échecs en tentant d'appliquer la méthode au diagnostic de l'échinococcose des animaux. Il suffit de mentionner les résultats négatifs de Gherardini (1906) avec le bœuf et le mouton, de Jœst, à la même époque, avec divers animaux domestiques, de Gratz (1910) avec le porc.

Cependant Fleig et Lisbonne (1907) obtiennent un résultat positif avec le sérum d'un homme atteint de kyste hydatique ; Abadie (1901) réussit 6 fois sur 9.

Il est à noter que la réaction est parfois douteuse et qu'elle a été obtenue chez des sujets exempts de parasites. Nous ne saurions donc considérer la réaction de précipitation comme un procédé fidèle de diagnostic de l'échinococcose.

On a fondé de grandes espérances sur l'intradermoréaction que les Italiens appellent réaction de Casoni. Ce procédé n'offre pas les difficultés techniques qui ne mettent pas la réaction de fixation à la portée de la pratique expéditive.

Il suffit d'injecter dans la peau 30 à 50 centigrammes de liquide hydatique de bœuf ou mieux 60 à 80 centigrammes de liquide provenant de l'homme, frais autant que possible et dont l'activité est vérifiée. On constate une urticaire précoce, un œdème plus tardif (une ou deux heures après l'injection). D'après de nombreuses statistiques italiennes et françaises, les rares échecs sont liés à la suppuration des kystes.

Il n'est pas prouvé que la réaction dépende de l'infection car elle réussit chez des individus exempts d'hydatides ; elle est imputable à un poison congestionnant qui existe dans le liquide hydatique inaltéré. En injectant à un homme sain une faible quantité de ce liquide, Debove provoqua une urticaire bénigne. Quelques faits cliniques sont éclairés par cette expérience. L'urticaire apparaît parfois quelques minutes après une simple ponction, ce qui démontre une brusque irruption du poison congestionnant entraîné par la circulation. Des poussées successives d'urticaire sont fréquentes dans l'échinococcose, particulièrement au début, alors que la vésicule et le kyste sont bien perméables. Le liquide des cysticerques exerce aussi une action congestive. Cauchemez (1913), ayant reçu dans l'œil une gouttelette de ce liquide en recueillant des cysticerques du porc, ressentit une douleur avec larmoiement, suivie de congestion de la conjonctive et de la sclérotique. L'instillation de I à XX gouttes dans l'œil du porc détermine le plus souvent des réactions analogues. Le cénure du lapin (*Cœnurus serialis*) secrète, dès le début de son développement, un poison qui nécrose les tissus avoisinants ; ainsi que l'ont établi Ciuca et A. Henry (1914 et 1916), le produit toxique, en se diffusant, amène un œdème de tout le tissu conjonctif sous-cutané.

Pas plus que la précipitation, l'intradermoréaction ne fournit de preuves indiscutables de l'infection hydatique. La réaction de fixation suffit amplement. La clinique la confirme. Une opération aseptique est souvent suivie, dans la soirée, d'une brusque ascension du thermomètre à 39-40°. On a vu la mort survenir en moins d'un quart d'heure, parfois en quelques secondes, après une simple ponction. La mort résulte d'un choc anaphylactique, ce qui prouve que la dose déchaînante, libérée par ouverture de l'hydatide, agit sur un organisme déjà imprégné d'anticorps hydatiques, donc infecté.

Ces données suggèrent des applications thérapeutiques. La sérothérapie de l'échinococcose fut entrevue par Dévé (1903) ; elle ne confère au lapin qu'une résistance relative. A vrai dire, Dévé visait moins à guérir qu'à prévenir l'échinococcose au moyen du sérum. Ayant constaté que le cobaye est réfractaire à l'inoculation hydatique, il eut l'idée de préserver le lapin très sensible en lui injectant du sérum de cobayes dont il avait renforcé la la résistance naturelle par des inoculations hydatiques. Il reste à suivre la voie ouverte par les expériences de Dévé.

## Nématés

L'embranchement des Nématés comprend deux classes. La classe des Echinodérides est formée d'animaux vivant en liberté dans l'eau ; ses représentants actuels sont rares. La classe des Némathelminthes en dérive ; tous ses membres sont parasites, au moins dans la plus grande partie de leur vie. On y distingue plusieurs ordres ; le plus vaste est celui des Nématodes, riche en parasites de l'homme.

Quelques Nématodes causent l'infection, rarement de leur vivant par l'action du parasitisme, plus souvent à la suite de leur décomposition cadavérique ou tout au moins d'une lésion du tégument.

* * *

**Ankylostome**. — Le premier cas est réalisé par l'Ankylostome (*Ancylostomum duodenale*). L'anémie, fréquente chez les ouvriers employés à l'exploitation des mines, au percement des grands tunnels, à la culture du riz dans les plaines chaudes, est le symptôme le plus saillant de l'ankylostomatose. Le parasite dilacère les vaisseaux à l'aide d'une puissante armure bucco-pharyngienne (fig. 14). Sa voracité soustrait une notable quantité de sang. C'est pourtant insuffisant pour causer l'anémie, quel que soit le nombre des Nématodes repus dont chacun mesure 1 cm., exceptionnellement 18 mm. de long sur 1 mm. de diamètre. On tiendra plus grand compte des substances déversées dans la plaie ; c'est le produit de sécrétion d'une paire de glandes céphaliques ; on y trouve un poison résistant à la chaleur, appelé congestine, dont l'action vaso-motrice dilate les artérioles et les capillaires ; un autre produit des mêmes glandes, détruit par

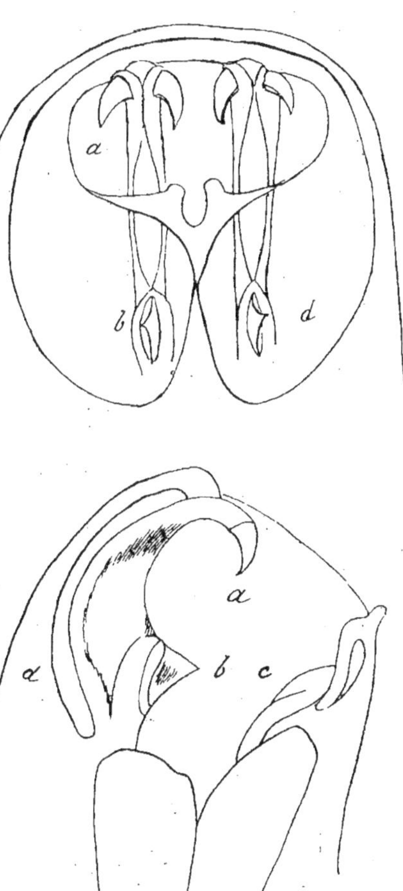

Fig. 14. — *Ancylostomum duodenale*. Armure buccale, de face et en coupe médiane. — *a*, crochets de la coronule ; *b*, mâchoires à dent aiguë ; *c*, mâchoire dorsale édentée ; *d*, capsule buccale. Original. (Gr. : 250).

le chauffage, est une hémolysine comparable au suc qui produit le phénomène de Pfeiffer sur les *Spirillum choleræ* dans le suc péritonéal d'un cobaye
immunisé contre le choléra. On n'a pas établi si cette hémolysine thermolabile agissait seulement à la manière d'une sensibilisatrice thermostabile
en permettant l'attaque des hématies par l'alexine. Toujours est-il qu'à
son contact les hématies sont désagrégées. Cette destruction d'hématies
est un signe d'infection d'origine animale comme dans l'anémie bothriocéphalique, à cette différence près que l'antigène procède de l'Ankylostome vivant d'une part, des portions mor-tifiées du strobile d'autre part.

L'anémie est aggravée par la sécrétion de deux glandes cervicales, com-
primées, en même temps que les glandes céphali-ques, par les contractions
du parasite pendant la succion. Ce produit n'est pas ingéré par l'animal ;
il se répand autour de lui et, dès que le para-site a lâché prise, il pénètre au contact de la plaie mise à nu. Le pro-duit sécrété par les glandes cervicales renferme de l'hémophiline, dont

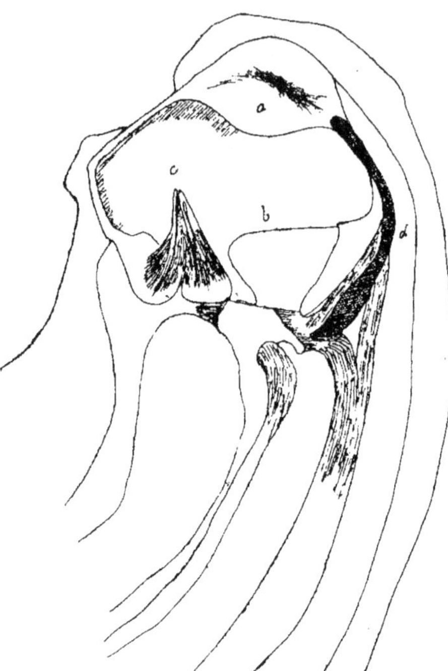


Fig. 15. — *Necator americanus*. Coupe médiane mon-
trant l'armure buccale. *a*, lames de la coronule ; *b*,
dents pleines des mâchoires ventrales ; *c*, mâchoire
dorsale cratériforme ; *d*, capsule buccale. Original.
(Gr. : 375).

les propriétés anticoagulantes empêchent la formation d'un caillot et
l'obturation de la plaie ; il en résulte que le sang versé dépasse de beaucoup la quantité utilisée par le parasite.

Ce dernier phénomène est indépendant de l'infection. Sans en tenir
compte, nous apprécions l'effet de l'hémolyse par la numération des globules circulants. Le nombre d'hématies tombe de 5 à 2 millions par millimètre cube, tandis que la teneur du sang en leucocytes est peu modifiée.

La congestine provoque des accidents qui tiennent de l'intoxication
plutôt que de l'infection. La congestion, l'œdème donnent au malade un
aspect bouffi. Ces phénomènes sont plus marqués sous l'action du *Necator*

*americanus* (fig. 15) espèce voisine de l'Ankylostome, vivant dans les mêmes conditions et causant une maladie semblable à l'ankylostomatose. L'œdème de la face et des membres est toujours accusé ; l'hydropisie est plus marquée qu'en présence de l'Ankylostome.

L'infection, avec l'anémie qui la caractérise, est devancée par des accidents d'un autre ordre causés par les larves. Celles-ci s'introduisent activement dans la peau. L'hôte accuse une sensation de brûlure, avec prurit, urticaire, érythème, éruption de bulles et vésicules susceptibles de passer à la pustule, au furoncle ou même de se gangréner ; c'est la gourme des mineurs.

Bentley (1902) reproduit ces accidents précurseurs de la maladie infectieuse, en appliquant sur la peau de la terre contenant des larves d'Ankylostome. L'éruption apparaît au bout de 12 à 24 heures. Si l'on néglige l'avertissement, l'anémie survient dans un délai de trois mois à un an.

* * *

D'autres Nématodes produisent l'infection avec anémie ; mais, de même que dans le cas du Bothriocéphale, les antigènes émanent des parasites en décomposition.

* * *

**Trichocéphale**. — Un exemple en est fourni par une espèce des plus vulgaires, le *Trichocephalus trichiurus*. A Paris, on trouve des Trichocéphales dans la moitié des autopsies ; dans les mines, peu d'Italiens en sont exempts ; on peut en conclure que la plupart des sujets se

Fig. 16. — *Trichocephalus trichiarus*. Mâle introduisant la portion effilée dans la muqueuse. D'après Leuckart.

montrent tolérants jusqu'à l'indifférence. Rudolphi ne relève rien d'insolite dans le gros intestin d'une femme qui en contenait plus de mille. L'entretien des parasites n'est pas onéreux. Même à la période de développement, aucun trouble ne se remarque. Et pourtant elle exige une alimentation plus copieuse qu'à l'état adulte, car la croissance est extrêmement rapide ; en effet, Calandruccio, ayant avalé des œufs embryonnés, vit les œufs de la nouvelle génération apparaître dans ses selles au bout de vingt-sept jours. Nous en concluons que l'action spoliatrice porte sur des quantités négligeables et n'altère pas la santé.

On a soutenu que le Trichocéphale se nourrit de sang puisé dans les vaisseaux. Le corps, long de 35 à 50 mm. chez la femelle, à peine moins chez le mâle, est renflé dans la portion postérieure occupant un tiers du corps adulte de la femelle, deux cinquièmes de celui du mâle (fig. 16). Le parasite est susceptible de se fixer en introduisant sa portion antérieure effilée dans la muqueuse intestinale (Leuckart, Askanazy) et jusque dans la musculeuse (Weinberg). En route, il trouve des vaisseaux, Arkanazy décèle, dans l'intestin des Trichocéphales, des substances ferrugineuses qu'il attribue au pigment du sang puisé dans la paroi intestinale de l'hôte. Guiart et Garin trouvèrent deux femelles dont la portion postérieure, plus gonflée que de coutume, était gorgée de sang comme l'abdomen d'un moustique repu. Notons que les deux exemplaires avaient été récoltés à l'autopsie de typhoïdiques ; or on sait que, dans la fièvre typhoïde, l'hémolyse est habituelle ; il est donc à présumer que les Trichocéphales avaient ingéré des hématies altérées.

L'ingestion des hématies intactes par le Trichocéphale est matériellement impossible. Pour s'en convaincre, il suffit d'examiner le calibre et la structure du tube digestif. La portion effilée, longue de 2 1/2 à 3 cm., a un diamètre passant d'un peu plus d'un quart de millimètre à la base

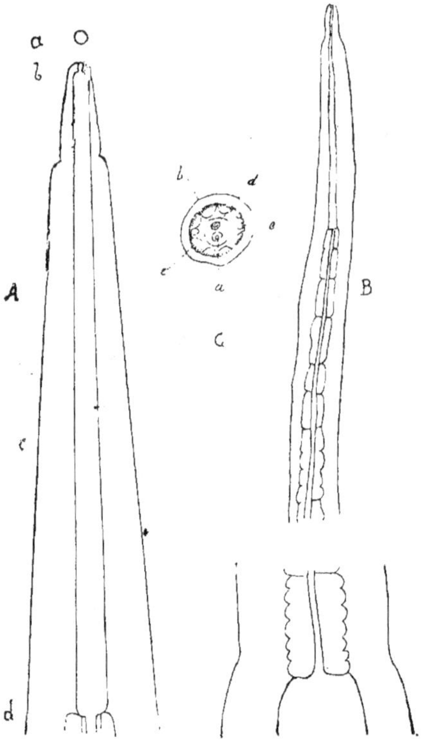

Fig. 17. — *Trichocephalus trichiurus.* A, extrémité antérieure ; *a*, hématie : *b*, cavité buccale ; *c*, pharynx ; *d*, début de l'œsophage. B, les deux bouts de l'œsophage à cellules plissées autour du tube cuticulaire rigide ; C, coupe transversale ; *b*, cuticule ; *e*, cellule musculaire ; *c*, champ latéral ; *d*, noyau d'une cellule œsophagienne ; *a*, tube cuticulaire inclus dans cette cellule. Original. (Gr. : A 250 ; B 88).

à 15 μ au sommet. La cavité buccale, logée dans le sommet arrondi en coupole, forme une poche protractile de 4 μ de diamètre, un globule rouge, disque mou de 6 à 7 μ de diamètre, peut la traverser à la condition d'être étiré sous l'action de la succion exercée par le pharynx long de 400 μ ; la cavité pharyngienne a la forme d'une pyramide triangulaire dont les faces ont 20 μ à la base, 10 μ au sommet ; les fibres rayonnantes de sa paroi musculaire assurent la déglutition (fig. 17).

La traversée de l'œsophage oppose un obstacle insurmontable à la progression des hématies intactes vers l'intestin. L'œsophage occupe le reste de la portion effilée, soit une longueur de plus de 2 cm. ; il est formé de cellules épithéliales, au nombre de 200 environ, alignées en une seule pile, reployées sur elles-mêmes de telle sorte que leur plateau cuticulaire forme un anneau intérieur ; tous les anneaux confluent en un tube rigide qui est la lumière de l'œsophage ; les cellules continuent à grandir ; mais leur allongement étant empêché par l'inextensibilité du tube, elles présentent des plissements superficiels d'autant plus nombreux qu'elles sont plus grandes. Les cellules antérieures restent lisses ; les dernières ont jusqu'à six étranglements ; les cellules n'étant pas contractiles, leur déformation est d'origine mécanique.

Le tube rigide est un cylindre de 14 μ de diamètre ; la cuticule, épaisse de 4 μ, réduit le calibre de l'œsophage à 6 μ, c'est-à-dire de 3.500 à 4.000 fois moins que sa longueur.

Les aliments ne peuvent traverser l'œsophage qu'à condition d'être aspirés. L'intestin, logé dans la portion renflée, a des parois délicates, peu contractiles, mais extensibles ; il est rattaché aux muscles plats doublant le tégument par une sorte de mésentère fixé d'autre part à des saillies fibreuses intermusculaires appelées champs latéraux. Les alternances de contraction et de relâchement des muscles superficiels amènent dans l'intestin une alternance de gonflement et de rétrécissement comme dans un soufflet. L'aspiration des liquides et des particules solides plus petites que le calibre de l'œsophage est possible comme celle de l'air, éventuellement de l'eau à travers la canule rigide d'un soufflet.

Je doute que l'aspiration soit assez énergique pour entraîner une hématie dont le diamètre est au moins égal au calibre de l'œsophage. Comme on a quelque peine à se représenter des dimensions micrométriques et que cet effort d'imagination conduit trop souvent à l'illusion, prenons comme terme de comparaison des objets visibles à l'œil nu, dont les dimensions seront dans le même rapport que l'œsophage de Trichocéphale et les globules rouges du sang humain, soit un tube métallique haut de 300 mètres comme la Tour Eiffel, ayant un calibre de 8 centimètres, d'autre part un disque de caoutchouc de diamètre au moins égal. Ne faudrait-il pas une force formidable pour aspirer le disque à travers le tube ? Nous pouvons conclure que le Trichocéphale ne se nourrit pas normalement de sang et que la fable de l'hématophagie repose sur des observations mal interprétées.

Le Trichocéphale est responsable de certaines anémies pernicieuses. On a vu le nombre des hématies tomber de 5 millions à 600.000 par millimètre cube de sang : la peau est décolorée ; les selles contiennent du sang et des cristaux d'hématoïdine. L'anémie, dont la rareté contraste avec la fréquence du parasite, n'est pas l'œuvre d'un Nématode vivant ; elle résulte de l'infection produite par des antigènes dégagés des cadavres en décomposition. L'anémie et l'hémolyse sont signalées par Mossbrügger (1895) dans des cas où l'intestin contenait de nombreux cadavres de Trichocéphales. Les vétérinaires ont souvent relevé une anémie grave chez les animaux qui hébergeaient en grand nombre des représentants du même genre ; il est à présumer que, comme chez le malade de Mossbrügger, beaucoup avaient succombé à la concurrence. L'hémolyse est bien établie, quoi qu'on n'ait pas recherché systématiquement la sensibilisatrice.

L'hématophagie par les parasites survivants est rendue possible, grâce à l'hémolyse effectuée, soit par les produits émanés des cadavres, soit par les bactéries commensales. L'infection dépend indirectement de la trichocéphalose, sans rentrer dans la symptomatologie de la maladie parasitaire.

Il est curieux de noter que le Trichocéphale fut d'abord remarqué au cours d'infections d'origine différente. Il fut découvert, au xviiie siècle, par Morgagni, dans l'appendice vermiculaire. Le père de l'anatomie pathologique flairait-il l'appendicite et le rôle d'introducteurs reconnu aujourd'hui aux Nématodes ? Rœderer et Wagler (1792) le considèrent comme agent de la fièvre typhoïde. Rokitansky et surtout Raspail se firent les apôtres de cette doctrine, que le Bacille d'Eberth a détrônée. Contrairement aux Ténias, le Trichocéphale, comme l'Ascaride, vit en parfaite intelligence avec les bactéries pathogènes ; en enfonçant sa portion effilée dans la paroi de l'intestin, il ouvre la brèche aux agents de la typhoïde, de la dysenterie, du choléra, il favorise de même les appendicites microbiennes.

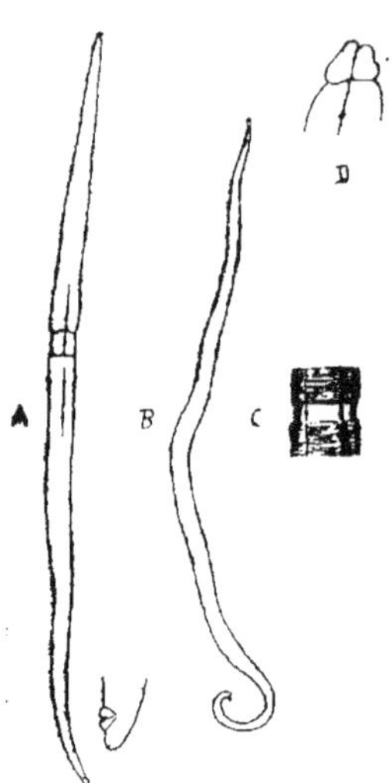

Fig. 18. — *Ascaris lumbricoides*. A, femelle. B, mâle. C, clitellum et vulve. D, extrémité antérieure ; face ventrale ; pore excréteur. Original.

* * *

**Ascaride.** — L'*Ascaris lumbricoides* (fig. 18), le plus commun des parasites intestinaux, renferme un antigène susceptible d'amener la mort par anaphylaxie. Bien qu'aucune observation ne concerne l'homme, on doit être averti de cette redoutable éventualité. Mello (1911) injecte à des cobayes, dans le péritoine, 1 à 4 cc. d'extrait d'*Ascaris*, sans résultat apparent ; dix-huit jours plus tard, l'injection intra-péritonéale, aux mêmes cobayes, de l'extrait à dose dix fois moindre, provoque une mort foudroyante imputable aux floculats formés au contact de l'antigène nouvellement introduit et des anticorps produits à la suite de la première injection. Ces doses minimes (0,2-0,3 cc.) ont suffi à déchaîner le choc anaphylactique fatal.

Weinberg et Parvu (1913) voient 3 chevaux périr de 15 minutes à 5 heures après l'instillation, sous la paupière, d'une goutte de suc périentérique d'*Ascaris equorum*. Si l'on se reporte aux expériences de Mello, on est convaincu que la mort résulte de l'anaphylaxie ; l'antigène préexistant ne pouvait provenir que d'un défaut d'intégrité du tégument des Ascarides dont il était sorti. Les *Ascaris* intacts ne préparent pas l'anaphylaxie. Dans des expériences antérieures, Weinberg et Parvu (1911) avaient instillé du liquide périentérique d'*Ascaris equorum* sous la paupière des chevaux, sans autre résultat, inconstant d'ailleurs, que de l'œdème des paupières, parfois de la diarrhée, que les chevaux soient ou non porteurs d'Ascarides. Donc, l'anaphylaxie ne se produit pas, tant que les parasites sont vivants et intacts.

De l'infection, on distinguera les accidents toxiques, également indépendants du parasitisme, relevés dans les premières expériences de Weinberg et Parvu. On ne connaît aucune toxicité aux excrétions ou aux déjections des Ascarides. L'animal contient pourtant des poisons ; mais ces poisons, retenus dans le corps vivant et intact, n'agissent pas au cours de la vie commune du parasite avec son hôte.

Fig. 19. — *Ascaris lumbricoïdes*. Vésicule musculaire. Original.

Le suc des vésicules musculaires (fig. 19) et le liquide interstitiel qui baigne l'intestin (liquide périentérique) des *Ascaris* ont des propriétés irritantes, congestives. Les zoologistes disséquant ces animaux en ont fait l'expérience involontaire à leurs dépens. Beaucoup sont atteints d'urticaire ; l'un d'eux, à la suite de la projection dans l'œil d'un jet de ce liquide, eut une congestion de la conjonctive avec larmoiement.

* * *

**Anguillule**. — Je rapporterai à l'intoxication plutôt qu'à l'infection des accidents provoqués par Fülleborn (1926) chez des sujets souffrant d'anguillulose depuis plusieurs années. Le dépôt de larves vivantes (fig. 20, A) de *Strongy-*

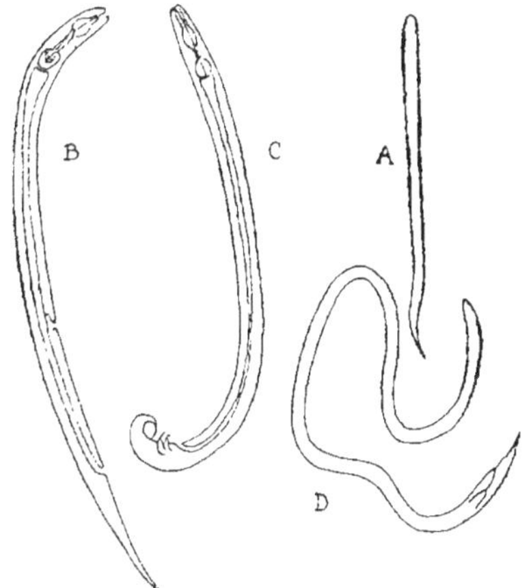

Fig. 20. — *Strongyloides stercoralis*. A, larve. B, femelle. C, mâle. D, forme intestinale. A-C, d'après Perroncito. D, d'après Manson.

*loides stercoralis*, sur la peau scarifiée du bras, amène simplement la production de traînées rouges et prurigineuses ; une poudre de larves déposée dans les mêmes conditions provoque une forte réaction d'urticaire. Le poison, retenu dans le corps intact, était libéré par le broyage ; il n'est pas spécifique, car le même résultat est obtenu avec des larves de Trichine ou du suc d'Ascaride.

Une espèce congénère, le *Strongyloides niellyi*, trouvée une seule fois à Brest à l'état de larves rhabditoïdes plus longues et plus fines que celles du *Str. stercoralis*, provoque des papules cutanées des membres.

L'idée de considérer l'anguillulose comme une maladie infectieuse pouvait être suggérée par l'hémolyse accompagnant une anémie sérieuse avec accès fébriles ; mais le *Strongyloides stercoralis* accompagne souvent l'Ankylostome qui suffit à expliquer les indices d'infection.

* * *

L'éléphantiasis est caractérisé par des épaississements formidables, frappant surtout les membres inférieurs. Cette affection dépend souvent d'une maladie infectieuse, telle que la lèpre à laquelle on rattache l'éléphantiasis des grecs. L'éléphantiasis nostras de Le Dantec (1907) paraît être un érysipèle où le Streptocoque est associé à une autre bactérie nommée Dermocoque. Dans l'île de Moorea (Océanie) où, sur une population de 1.600 habitants, un douzième des indigènes est atteint d'éléphantiasis, Dubruel (1909) n'a trouvé d'autre parasite que le Streptocoque. L'éléphantiasis des arabes, ainsi nommé par opposition à l'éléphantiasis des Grecs, a pour agent des Nématodes de la famille des Filaridés.

* * *

**Filaire**. — La femelle de *Filaria bancrofti* mesure 8-10 cm. de long sur 240 à 300 μ de diamètre ; celle de *F. juncea*, 6-8 cm. × 210-250 μ ; les mâles sont plus petits. Une femelle est apte à pénétrer dans les vaisseaux et les ganglions lymphatiques, mais sa progression est gênée par l'étroitesse des canaux, aggravée par l'inflammation ambiante, en sorte que le parasite obstrue les vaisseaux lymphatiques. L'obstruction partielle ne détermine que des varices lymphatiques et des engorgements ganglionnaires ; les anastomoses assurent néanmoins la circulation de la lymphe déversant les embryons dans le sang.

L'obstruction complète d'un vaisseau ou d'un département lymphatique entraîne des accidents variant selon la région affectée et la résistance opposée par les tissus à l'écoulement de la lymphe extravasée. Dans l'abdomen, l'écoulement laiteux, chyliforme, qui se répand dans le tissu conjonctif lâche, est parfois éliminé avec les urines ou les selles. Ou bien la débâcle lymphorragique est retenue dans des poches séreuses. Si l'engorgement porte sur les ganglions mésentériques, on a l'ascite chyleuse :

la rétention de l'écoulement est fréquente dans le scrotum (lymphoscrotum), autour du cordon spermatique (hydrocèles simulant parfois la hernie inguinale). Les embryons fourmillent dans les liquides évacués ou extraits par ponction. Dans les membres, la lymphorragie est exceptionnelle ; la lymphe s'accumule autour des vaisseaux lymphatiques enflammés et des ganglions indurés ; les tissus infiltrés s'indurent de proche en proche et se gonflent. Le membre atteint d'énormes dimensions. L'éléphantiasis est rare ou modéré aux membres supérieurs, dont les mouvements facilitent l'écoulement de la lymphe ; par contre, la cuisse peut atteindre près d'un mètre de pourtour.

Tous ces accidents s'expliquent par l'action mécanique des Filaires adultes. Il faut en outre tenir compte des innombrables embryons mis au monde par le parasite séquestré, de ceux du moins qui n'ont pu gagner la circulation sanguine ou être éliminés. Leur vie est précaire. Dans un cas d'éléphantiasis causé par le *F. juncea* à la Martinique, Dufougéré (1907) observe des embryons morts dans les ganglions et les vaisseaux lymphatiques. Les embryons de *F. bancrofti* ne résistent pas davantage sur un terrain si mal en rapport avec leurs habitudes. Les cadavres ramollis, altérés, laissent échapper les humeurs retenues de leur vivant et les produits de leur décomposition. Il faut donc compter avec les complications apportées par la rétention des embryons morts et rechercher si elles relèvent de l'intoxication ou de l'infection.

* * *

Résumons ce chapitre. Les Métazoaires renferment des agents infectieux ; on en a fourni la démonstration pour des Trématodes, des Cestodes, des Nématodes. L'infection est causée par des parasites vivants des genres *Schistosomum*, *Tænia* (adultes ou larves), *Ancylostomum*, *Necator*. L'infection est consécutive au parasitisme ; elle est causée par des produits échappés du corps blessé ou décomposé du Bothriocéphale, du Ténia nain, du Trichocéphale, de l'Ascaride.

On constate souvent l'intoxication sans infection. Divers cas encore obscurs demandent à être approfondis. Il est à présumer que la liste des Métazoaires infectieux est appelée à s'étendre.

$$* \quad * \quad *$$

CHAPITRE IV

## PROTOZOAIRES INFECTIEUX

Les Protozoaires parasites se répandent en nombre incalculable dans l'organisme. Leur dissémination est favorisée par leurs dimensions infimes qui parfois défient la puissance des meilleurs objectifs. Une telle dispersion facilite l'action sur les tissus de leurs sécrétions qui, fonctionnant comme antigènes, provoquent la formation d'anticorps réalisant l'infection.

* * *

**Qu'est-ce qu'un Protozoaire ?** — On dit couramment qu'un Protozoaire est un animal unicellulaire, tandis qu'un Métazoaire est un animal pluricellulaire ; c'est une erreur. Tous les animaux, ainsi que les végétaux, ont des œufs. Dès la première moitié du XVII$^e$ siècle, le célèbre médecin anglais Harvey disait : *« Omne vivum ex ovo. »* Cette formule pèche par excès de généralisation ; on ne connaît pas d'équivalent de l'œuf chez les bactéries et d'autres organismes inférieurs ; toujours est-il que la formule de Harvey s'applique aux Protozoaires.

L'aphorisme de Harvey appelle un autre correctif, aussi bien pour les Métazoaires et les végétaux que pour les Protozoaires. Pris à la lettre, il semble impliquer que l'œuf est l'état initial d'un nouvel être. Il ne peut en être ainsi, d'après le sens que prend le mot œuf en biologie.

Ce mot est employé dans diverses acceptions dans le langage vulgaire ; les biologistes eux-mêmes l'appliquent trop souvent à l'ovule vierge aussi bien qu'au produit de la fécondation. Afin de prévenir toute confusion, adoptons le mot **zygote** pour désigner la plastide résultant de la combinaison de deux cellules de sexe différent.

Pour fixer les idées, choisissons un terme de comparaison dans l'espèce humaine. Le zygote ou œuf fécondé résulte de l'accouplement sous un même joug (ζυγός) d'un ovule vierge avec un spermatozoïde. Si l'on compte le nombre des bâtonnets colorables à l'hématoxyline, ou chromosomes, séparés au cours de la division nucléaire indirecte ou mitose, on en trouve deux fois plus dans le noyau du zygote que dans celui de chaque cellule sexuelle. Le zygote est donc une cellule double par rapport aux cellules fournies par la mère d'une part, par le père d'autre part. On exprime ce fait en disant que le zygote est une cellule **diploïde**, que les cellules sexuelles sont **haploïdes** (διπλοῦς, double ; ἁπλοος, simple).

Il est clair que les apports des parents, réunis dans le zygote, deviennent
la propriété de la nouvelle génération. Le zygote n'est donc pas la première
cellule de l'être vivant, auquel appartenaient déjà l'ovule vierge et le spermatozoïde issu du père.

La reproduction d'une nouvelle génération remonte encore plus haut.
Son origine est double : elle débute chez la femme, par l'oocyte qui, en se
divisant, donne l'ovule fécondable et deux globules polaires, chez l'homme,
par le spermatocyte de dernier ordre qui produit les spermatozoïdes.

L'oocyte et le spermatocyte de dernier ordre sont les cellules reproductrices, diploïdes comme les autres cellules adultes. Leur division aboutit
à la reproduction de cellules haploïdes qui se répète jusqu'à la formation
de nouveaux zygotes, dont la division formera une série de cellules diploïdes.
Les cellules reproductrices sont l'inverse des zygotes. Raciborski (1896)
les désigne sous le nom de **zeugite**, anagramme de zygote.

L'ontogénie ou développement de l'être vivant est partagée en deux
phases, la première, haploïde, remontant aux zeugites reproducteurs, la
seconde, diploïde, commençant avec le zygote. Appelons-les, pour abréger,
**haplophase** et **diplophase**.

L'haplophase est restreinte chez l'homme, les Vertébrés, les plantes
supérieures ou Angiospermes, tandis que la diplophase est réduite, chez
quelques végétaux et animaux, à une seule cellule, le mixote de R. Maire,
fonctionnant à la fois comme zygote et comme zeugite.

Loin d'être un animal unicellulaire, un Protozoaire présente une série
de cellules haploïdes suivie d'une série de cellules diploïdes ; l'haplophase
débute par des zeugites, la diplophase par des zygotes.

Réserve faite pour un certain nombre de Sporozoaires, de Trypanoso-
midés, etc., la distinction des sexes est peu apparente, car elle ne repose pas
sur les différences morphologiques qui opposent le mâle à la femelle. Il existe
pourtant des noyaux haploïdes dont les sexes sont inverses. A défaut des
caractères visibles auxquels nous reconnaissons le sexe femelle ou mâle, la
physiologie, se substituant à la morphologie impuissante, constate que
certaines cellules se repoussent, que d'autres s'attirent et tendent à se
conjuguer. Elles se comportent essentiellement comme les pôles du nom
contraire + et — d'une pile. L'attraction et la répulsion des sexes ressemblent à un phénomène physique d'ordre dynamique ; mais, comme elles
dépendent de propriétés d'un corps vivant, ce sont des phénomènes
d'ordre biodynamique. Des faits semblables s'observent chez des Champignons et autres Thallophytes. Le Protozoaire a donc des gamètes ou
cellules sexuelles + et des gamètes —.

La distinction des Protozoaires et des Métazoaires repose sur les consé-
quences immédiates de la segmentation du zygote, qui donne des plastides (1) dispersées chez les Protozoaires, cohérentes chez les Métazoaires.
A la suite de la segmentation, le Métazoaire reste, comme le zygote, un

---

1. Le mot plastide s'étend à la fois aux cellules bien circonscrites pourvues d'un
noyau et aux éléments vivants moins définis.

animal entier ; le Protozoaire devient un animal fractionné. Chaque cellule séparée, individualisée, est une fraction d'animal qu'on nomme un **mérozoïte**.

La différence initiale peut s'atténuer par l'apparition secondaire, plus ou moins tardive, de plastides isolées chez les Métazoaires, de cellules agencées en tissu chez les Protozoaires. Toutefois la dispersion des mérozoïtes chez les Métazoaires (cellules migratrices, globules divers de la lymphe et du sang) reste contenue dans les limites du corps unique. Chez les Protozoaires, il arrive que les mérozoïtes subissent de nouvelles segmentations sans se séparer ; les agrégats cellulaires ainsi formés sont nommés somatelles ; leur cohérence est souvent passagère ; les somatelles sont plus rares que les plastides isolées des Métazoaires.

* * *

Quand on eut compris qu'un Protozoaire n'est pas un animal unicellulaire, on commit une nouvelle faute en invoquant malencontreusement la théorie des générations alternantes, en prenant chaque phase de l'ontogénie pour une génération.

Il n'existe pas de génération sans cellule germinative correspondant au zeugite. On connaît des générations sexuées hétérogames où les gamètes proviennent d'individus de chaque sexe, des générations sexuées autogames, où ils proviennent d'un seul individu, des générations parthénogénétiques où le sexe mâle n'intervient pas. On a des exemples de ces diverses sortes de génération alternant chez une même espèce.

Rien de pareil chez les Protozoaires. On réserva d'abord le nom de mérozoïtes aux produits dispersés de la segmentation du zygote et l'on voulut y voir une génération asexuée appelée schizogonie. Les cellules dispersées aboutissant aux gamètes formaient une génération sexuée ou gamétogonie. En réalité, toutes les cellules dispersées méritent le nom de mérozoïtes ; on connaît une seule génération partant des zeugites, débutant par des mérozoïtes haploïdes, se continuant à partir des zygotes par des mérozoïtes diploïdes. Selon la règle, l'unique génération est partagée en une haplophase et une diplophase.

## Structure des mérozoïtes

Le mérozoïte est une plastide isolée qui se suffit à elle-même en cumulant les fonctions qui, chez un Métazoaire, sont réparties entre des organes affectés à la nutrition, à la sensation, à la direction et à l'exécution du mouvement, à la reproduction, etc. La division et la coordination du travail sont assurées, dans le mérozoïte, par les organes de la plastide, dont la différenciation morphologique et la spécialisation physiologique sont déterminées par l'interaction réalisée entre le protoplasme d'une part et le deutoplasme dérivé du protoplasme par endiguement et spécialisation de l'activité et éventuellement les enclaves inertes d'autre part.

* * *

**Noyau.** — En général, chaque plastide de Protozoaire répond au type de la cellule dont le protoplasme est partagé en noyau et cytoplasme. Le noyau, participant aux échanges nutritifs, varie sans cesse comme tout ce qui vit. C'est bien à tort qu'il est considéré comme immuable ; l'illusion vient de ce qu'il est peu sensible aux circonstances extérieures. La variabilité du noyau se manifeste spontanément avec éclat par des changements brusques qui se produisent périodiquement aux moments critiques de l'ontogénie, 1° au passage des cellules haploïdes aux cellules diploïdes dans le zygote au cours du développement ; 2° au passage inverse du noyau diploïde au noyau haploïde dans le zeugite reproduisant une nouvelle génération.

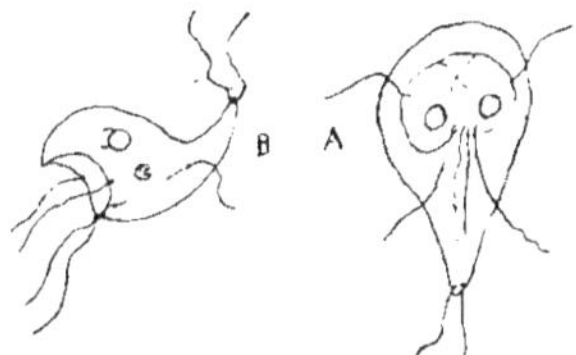

Fig. 21. — *Lamblia intestinalis* à deux noyaux symétriques. A, de face, B, de profil (Gr. : 1.250).

La plastide de certains Protozoaires, au lieu d'être une cellule typique, est un syncytium contenant plus d'un noyau. Celle des *Lamblia* (fig. 21) en renferme deux, semblables et symétriquement disposés par rapport à la médiane. Une plastide d'Infusoire (fig. 22) a plusieurs noyaux, en général deux très inégaux. En pareil cas, le petit noyau possède autant de chromosomes que le grand, par exemple 16 à la phase diploïde. Seul le petit noyau participe à la reproduction. Il n'en collabore pas moins à l'activité générale, à la croissance, à la division, à la nutrition. On s'est trop hâté d'opposer le petit noyau au grand noyau en décernant au premier le titre de noyau reproducteur, au second celui de noyau trophique ; le petit noyau est aussi bien trophique que reproducteur.

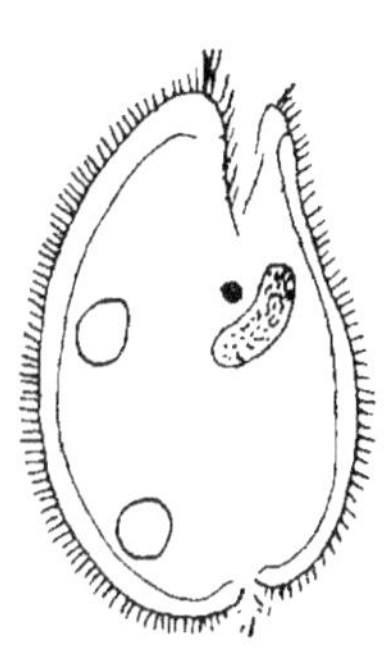

Fig. 22. — *Balantidium coli* à deux noyaux inégaux. D'après Malmsten corrigé.

Même pendant la diplophase, le petit noyau est plus actif que le grand. A chaque division de la plastide, les deux sortes de noyaux offrent des mitoses simultanées. La prépondérance du petit noyau est démontrée par Taylor et Farber (1924) chez un *Euplotes*. Au moyen d'une micropipette, ils retirent le petit noyau. Après cette extraction, l'Infusoire ne se divise pas plus de deux fois et le petit noyau n'est pas régénéré. Au contraire, l'enlèvement de portions du grand noyau ou du cytoplasme ne modifie pas les divisions ultérieures.

Le petit noyau prend le caractère d'un noyau de zeugite en réduisant de moitié le nombre de ses chromosomes, tandis que le grand noyau dégénère. Par division répétée, le noyau persistant en produit plusieurs qui dégénèrent à leur tour, à l'exception de deux qui, étant de même sexe, ne s'attirent pas. Les mêmes phénomènes s'accomplissent simultanément dans deux Infusoires accouplés bouche à bouche (fig. 23). C'est alors que la polarité sexuelle apparaît et distingue les noyaux de chaque Infusoire.

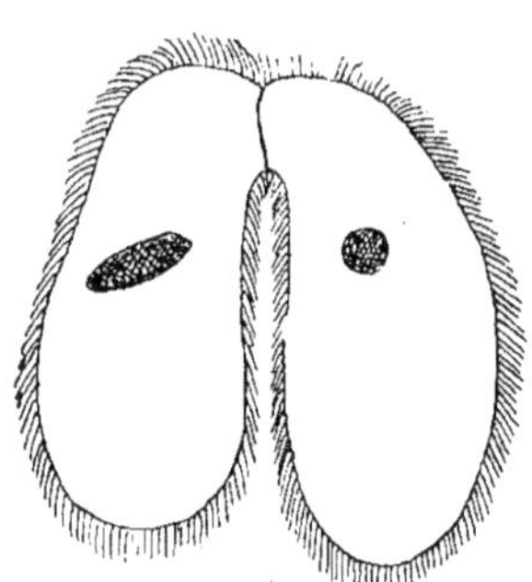

Fig. 23. — *Balantidium coli*. Copulation. D'après Wising.

L'un est sédentaire, l'autre migrateur ; un échange de noyaux, probablement accompagnés de cytoplasme, s'effectue entre les deux conjoints ; l'attraction sexuelle se manifeste dès que le noyau migrateur est en présence du noyau sédentaire de l'autre Infusoire. Les mérozoïtes, munis chacun d'un noyau diploïde résultant de la caryogamie du noyau haploïde qu'il a gardé avec celui qu'il a reçu, se séparent ; ce sont des zygotes. Le zygote uninucléé se divise et, après une série de mitoses, chaque plastide renferme deux noyaux inégaux comme à la génération précédente.

Suivant le code de la galanterie, l'éternel féminin attend, dans son repos, les avances du sexe' volage. En ce sens romanesque, le noyau sédentaire est considéré comme femelle, le noyau migrateur comme mâle. Sans abuser des métaphores, nous admettrons que chez les Infusoires, la différence dynamique des sexes + et — est particulièrement apparente, sans être accompagnée des caractères morphologiques auxquels on reconnaît un mâle d'une femelle.

Même chez les Infusoires, la dualité des noyaux n'est pas constante. D'une façon générale, le noyau des Protozoaires, malgré son haut intérêt biologique, fournit peu d'applications pratiques. Chez les animaux filtrants en particulier, il est indiscernable. Le cytoplasme est plus utile à connaître et mérite d'être analysé en détail.

* * *

**Cytoplasme**. — C'est une solution colloïdale homogène. Les espaces intermicellaires sont occupés, d'après A. Frey (1926), par des solutions colloïdales, non par de l'eau comme l'admettait Nägeli. Le cytoplasme est insoluble dans l'eau. Loin de le dissoudre, l'eau pénètre une ou plusieurs substances organiques du cytoplasme. Lepeschkin (1926) va jusqu'à parler d'une dissolution de l'eau dans ces substances. L'eau en excès apparaît sous forme de vacuoles ; le cytoplasme ne les circonscrit pas par une membrane conforme à la théorie d'Hugo de Vries. La zone limite n'est pas coagulée ; elle est seulement un peu condensée et résistante. La condensation du gel protoplasmique varie à chaque instant sans former de membrane plasmatique stable.

D'après le degré de densité croissant de dedans en dehors, plutôt que d'après la composition chimique qui lui oppose le noyau pourvu de chromatine, le cytoplasme est partagé en trois zones plus ou moins tranchées d'une façon définitive ou temporaire, qui sont l'entoplaste, l'ectoplaste, le périplaste. L'entoplaste accomplit les actes intimes de la nutrition, absorption, assimilation, sécrétion ; l'ectoplaste assure les échanges d'aliments et de déchets avec l'extérieur ; le périplaste, dérivé de la pellicule périphérique de l'ectoplaste qui ne se distinguait que par la tension superficielle, se différencie en membrane ferme, imperméable, interrompue de lacunes permettant à l'ectoplaste dénudé de se maintenir en rapport avec l'extérieur. La distribution des rôles entre les zones du cytoplasme rappelle les divisions administratives entre les départements ministériels de l'intérieur, des affaires étrangères et de la défense.

Le deutoplasme accentue la spécialisation fonctionnelle de chaque zone. Sa différenciation réalise, dans le mérozoïte, des organes dont chacun amplifie la fonction propre de la zone correspondante en y restreignant l'activité générale.

* * *

**Entoplaste.** — Les organes les plus habituels de l'entoplaste sont les plastes, condensations pleines, aptes aux fonctions de la nutrition, notamment à la sécrétion. On considère comme des plastes creux les vacuoles excrétrices qui ont reçu le nom de vacuoles pulsatiles, rappelant leurs contractions rythmées comme celles du pouls. Bien que la contractilité soit une propriété générale du protoplasme, celle de l'entoplaste est d'ordinaire obtuse ; c'est par exception qu'elle s'accentue dans la paroi des vacuoles pulsatiles.

Les vacuoles pulsatiles ne fonctionnent que si le mérozoïte est plongé dans un liquide hypotonique, tel que l'eau dont la tension osmotique est bien inférieure à celle du suc cellulaire. Les parasites en sont dépourvus, à l'exception des Infusoires, dont le parasitisme est accidentel et imparfait.

Expérimentalement, on amène la disparition des pulsations rythmées en transportant des Amibes d'eau douce dans l'eau salée ; mais elles reparaissent si les Amibes sont ramenées dans l'eau pure. Des expériences d'Étienne Wolff (1927) ont montré que, dans l'intervalle, la paroi de la vacuole a persisté autour d'une minime cavité ; la vacuole était rétractée au maximum et sa paroi avait suspendu ses mouvements alternatifs de contraction et de dilatation. Les vacuoles pulsatiles sont donc des organes permanents de l'entoplaste ; quand les circonstances sont défavorables à leur fonctionnement, elles ne disparaissent pas ; elles sont seulement plus difficiles à distinguer en raison de leur rétraction. Leur atrophie complète chez les parasites permanents résulte d'un défaut prolongé d'usage. Le fait est à retenir pour éviter de confondre avec la simplicité primitive une simplification secondaire, une dégradation liée aux circonstances.

Il ne faut pas confondre les vacuoles pulsatiles avec les vacuoles occasionnelles réunies hâtivement sous le nom de *vacuome* comme si elles constituaient un appareil défini : 1° vacuoles accumulant d'une façon durable des produits fluides de sécrétion que les réactifs transforment en granulations, 2° vacuoles banales creusées d'une façon transitoire en des points quelconques autour des inclusions alimentaires solides ou liquides qu'elles circonscrivent en les enfermant avec des sucs digestifs sécrétés par l'entoplaste ; elles fonctionnent comme vacuoles digestives, puis disparaissent sans laisser de trace. Ces vacuoles dépourvues de paroi propre ne sont pas, comme les vacuoles pulsatiles, sensibles aux changements de pression osmotique du milieu baignant la plastide.

* * *

**Ectoplaste.** — Il est le siège principal de la contractilité. La contraction est la résultante de propriétés générales du protoplasme, telles que la tension superficielle et la viscosité, propriétés physiques et l'irritabilité, propriété physiologique.

Les propriétés physiques sont soumises à la loi de l'inertie ; elles subissent l'impulsion ou la résistance des forces extérieures ; la tension superficielle de l'ectoplaste est modifiée par le contact du support ; sa viscosité diminue quand la température s'élève.

L'irritabilité, propriété physiologique, réagit contre les forces extérieures ; la tension superficielle et la viscosité varient en fonction de la nutrition, acte physiologique introduisant de nouveaux facteurs physico-chimiques qui s'ajoutent à l'action directe du contact et de la chaleur pour modifier la tension superficielle et la viscosité. La contractilité est donc influencée par les facteurs physiques tant externes qu'internes.

Elle est toutefois déterminée par l'irritabilité propre de la plastide vivante qui en est le facteur essentiel, en sorte que les changements résultant de la contractilité ne sont pas proportionnels à l'intensité des actions extérieures.

Les changements de tension superficielle entraînent un déplacement par glissement ; ceux de la viscosité, quelle qu'en soit la source, déterminent des mouvements alternatifs d'expansion et de rétraction amenant l'émission, en des points indéterminés, de pseudopodes fugaces. En déplaçant le centre de gravité, ces déformations entraînent des culbutes.

Quand l'ectoplaste est protégé par un périplaste, la déformation de sa surface et les mouvements qui en dépendent sont entravés dans la mesure où cette membrane devient rigide. La porosité du périplaste obvie à cet inconvénient quand, à travers un pore de position déterminée, l'ectoplaste fait saillie sous forme d'expansion permanente filiforme, très contractile, s'agitant à la façon d'une lanière de fouet. Un tel organe flagelliforme de l'ectoplaste est un fouet moteur.

Comme les pseudopodes, les fouets moteurs tiennent leur motilité de la contractilité propre de l'ectoplaste ; mais les mouvements pseudopodiques étaient livrés au hasard des circonstances ; au contraire les mouvements flagellaires sont réglés, dirigés ; la contractilité du fouet entre en jeu sous l'impulsion d'un organe moteur immobile, formant à sa base une boule chromatique ou corps basal (fig. 24). Chez les types inférieurs, le corps basal se détache du noyau, ce qui montre son homologie avec les centrosomes. Emprunté à l'entoplaste, le corps basal forme un organe autonome provenant toujours d'un corps basal préexistant.

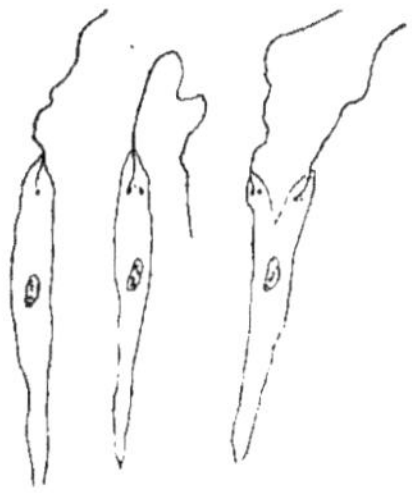

Le fouet avec son corps basal, rentre dans la catégorie nommée jadis appareil neuro-moteur. On préfère la désignation plus simple de **cinétide** proposée par Chatton (1924).

Fig. 24. — *Leptomonas drosophilae.* Cinétide. Fouet moteur et mastigosome. D'après Chatton.

L'entoplaste fournit parfois au corps basal des annexes deutoplasmiques réunies sous le nom d'organes parabasaux. Les plus fréquents des organes parabasaux sont des réserves nourricières qui paraissent être des nucléoprotéides ; elles ont quelques réactions de la volutine, mais s'en écartent par d'autres. Elles forment des granulations colorées à l'hématoxyline, tantôt dispersées sans ordre, tantôt groupées en file ou en rosette, tantôt accumulées autour du corps basal en boule simulant un second noyau.

* * *

**Périplaste**. — Il joue un rôle mécanique. La densité propre à cette zone, en s'exagérant, produit une membrane rigide. Lorsque la dureté et l'imperméabilité de cette cuirasse empêchent l'ectoplaste de se déformer et d'assurer les échanges, ces inconvénients sont conjurés par des interruptions du périplaste. Tels sont les pores déjà mentionnés d'où sortent les fouets ; une lacune plus vaste découvre l'ectoplaste perméable chez presque tous les Infusoires et quelques autres Protozoaires ; on l'appelle bouche, bien que ce ne soit pas un orifice béant ; l'ectoplaste dénudé forme un dialyseur permettant les échanges osmotiques d'entrée et de sortie ; il peut aussi jouer le rôle d'un pseudopode protractile et rétractile. Parfois le périplaste présente, outre la bouche, des pores devenant apparents quand ils sont dilatés sous la poussée centrifuge des solides happés par les pseudopodes et non digérés, ou des liquides expulsés par les vacuoles pulsatiles ; on les nomme respectivement anus et pores excréteurs.

Les cils vibratiles, propres aux Infusoires, sont des organes passifs du mouvement. Ils résultent de la fragmentation du périplaste rigide ; ce sont des leviers fortement élastiques comme les branches d'un diapason ; ils ne se meuvent pas spontanément ; ce sont, comme les os, des instruments inertes, actionnés exclusivement par les corps basaux sous-jacents, que je nomme blépharosomes pour les distinguer des mastigosomes de Chatton, qui font partie de la même cinétide que le fouet moteur.

Des organes parabasaux sont annexés aux blépharosomes. Ils sont représentés par une substance contractile reliant les corps basaux alignés. Chaque file est l'équivalent d'une fibrille musculaire, c'est un myonème, assurant la vibration coordonnée des cils d'une rangée, qui s'abaissent et se relèvent successivement comme les chaumes d'un champ de blé ondulant sous l'action de la brise (fig. 25, A) ; dans le champ, la

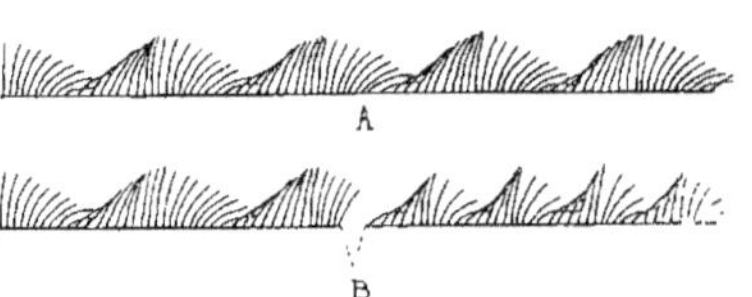

Fig. 25. — A, vibration synergique des cils d'un Infusoire. B, rythme changeant à la suite d'une incision. D'après Verworn.

force motrice vient du dehors ; dans le cas des cils, elle dépend de l'organisation interne. Si l'on sectionne les myonèmes, opération réalisée sur de gros Infusoires, les batteries sont interrompues ; les cils continuent à vibrer ; mais l'ondulation ne répond plus au même rythme de part et d'autre de l'incision (fig. 25, B).

Parfois le périplaste n'est pas également découpé dans les deux sens ; les cils sont alors remplacés par de larges palettes.

* * *

**Hétéromorphie des plastides d'un Protozoaire.** — Les plastides d'un même animal ne sont pas uniformes. L'hétéromorphie adapte certaines d'entre elles à des circonstances passagères ou leur assigne un rôle défini, par exemple dans la conservation.

La motilité varie de degré entre les plastides qui se succèdent au cours de l'ontogénie, parfois dans une même plastide qui est, tantôt libre et agile, tantôt enfermée dans un kyste. L'enkystement supprime les échanges avec le milieu ambiant et les déplacements. La plastide emmurée continue parfois à tourner dans sa cage et même à se diviser ; le plus souvent elle s'immobilise. L'immobilité n'est pas l'abolition complète de l'activité. Le repos est relatif ; la cellule quiescente n'est pas inerte ; elle reste le siège du métabolisme inhérent à la nutrition qui ne cesse qu'avec la vie. Les expressions courantes d'activité et de repos ne doivent pas être prises à la lettre ; quand nous parlerons de cellules actives, c'est en sous-entendant que l'activité y est très apparente.

Les cellules actives ainsi comprises sont les premières à considérer pour déterminer l'espèce d'un Protozoaire. Pour nous en tenir aux parasites signalés dans l'organisme humain, nous y distinguerons trois types.

## Types de plastides actives de Protozoaires

Envisageons le type amibe, le type monade et le type infusoire.

1. *Type amibe.* — D'après l'étymologie, le mot amibe implique une forme changeante, très instable. Les mouvements de l'ectoplaste ne sont pas entravés par un périplaste apparent. L'ectoplaste se distingue de l'entoplaste par un aspect homogène, vitreux, une consistance plus molle ; il forme, d'après Howland (1924), une couche peu élastique, très extensible.

Le mouvement amiboïde est un mélange de glissement et de culbute pouvant transformer la reptation en mouvement roulant (Jennings). Les pseudopodes jouent un grand rôle dans les déplacements. Les plus robustes n'intéressent pas seulement l'ectoplaste ; ils entraînent une portion d'entoplaste ; il arrive même que tout l'entoplaste s'engage dans la saillie ; alors le contour se régularise, non par rétraction du pseudopode, mais par déplacement progressif de toute la cellule. Les pseudopodes ont aussi le pouvoir d'englober les solides et inversement de pénétrer dans les masses molles ; c'est ainsi que les parasites amiboïdes envahissent les cellules ou les tissus.

2. *Type monade.* — La plastide du type monade est limitée par un périplaste parfois interrompu par une bouche. Le périplaste est mince et moulé sur l'ectoplaste comme une gaîne souple ou un doigt de gant collant ; il endigue, sans les abolir, les déformations de l'ectoplaste. Parfois il est assez délicat, surtout à la partie postérieure, pour permettre une émission de pseudopodes. Lors même qu'il est trop ferme pour tolérer les saillies désordonnées, il n'empêche pas une ondulation superficielle se déplaçant d'arrière en avant. Le mouvement est accéléré par l'action synergique des fouets moteurs sortis à travers les pores du périplaste. Les fouets impriment à la plastide du type monade un mouvement défini de propulsion à travers l'espace liquide ; c'est le mouvement euglénoïde, ainsi nommé par comparaison avec les *Euglena*, genre d'Algues ne différant des Monades que par la présence de chlorophylle.

Les mouvements ondulatoires de l'ectoplaste provoquent des déplacements lents, restreints, mais en revanche orientés par la résistance modérée du périplaste. Les fouets ont une action plus puissante ; leurs mouvements amplifient l'aire des déplacements, que leur agitation complique de déviations.

La position initiale du ou des fouets moteurs définit le pôle antérieur ; la division de ia plastide est longitudinale, plus rarement et secondairement transversale, tandis que dans le type amibe, l'absence de cinétide et de polarité permettait la division dans un plan quelconque.

3. *Type infusoire.* — La plastide de ce type est essentiellement caractérisée par les cils vibratiles dont nous avons suffisamment expliqué la nature. Nous ne reviendrons pas davantage sur les autres particularités du périplaste, sur les blépharosomes et les noyaux. J'attire l'attention sur la lan-

guette buccale qui n'est autre qu'une expansion fugace de l'ectoplaste dénudé, homologue des pseudopodes.

Il n'est pas sans exemple que les pores livrent passage à des fouets moteurs ; mais leur rôle est accessoire dans la plastide du type infusoire. Cette exception est inconnue chez les parasites de l'homme.

Outre leur rôle passif dans les déplacements, les cils vibratiles agitent autour de la plastide le liquide ambiant en déterminant des tourbillons qui renouvellent l'eau à leur contact ou font converger les aliments vers la bouche.

Outre ses caractères propres, la plastide du type infusoire cumule toutes les complications des autres types.

# CHAPITRE V

## CLASSIFICATION DES PROTOZOAIRES

Dès que les Protozoaires furent observés avec des microscopes suffisamment puissants et connus avec assez de précision pour sortir du chaos et constituer un embranchement ou type autonome, ils furent divisés en trois classes : Rhizopodes, Flagellates, Ciliés, correspondant aux types de plastides qui viennent d'être définis. C'est dire que cette classification nous paraît acceptable dans ses grandes lignes. A la pratique, on s'aperçoit vite que l'examen d'une plastide isolée ne suffit pas pour décider si elle appartient à un Rhizopode ou à un Flagellate.

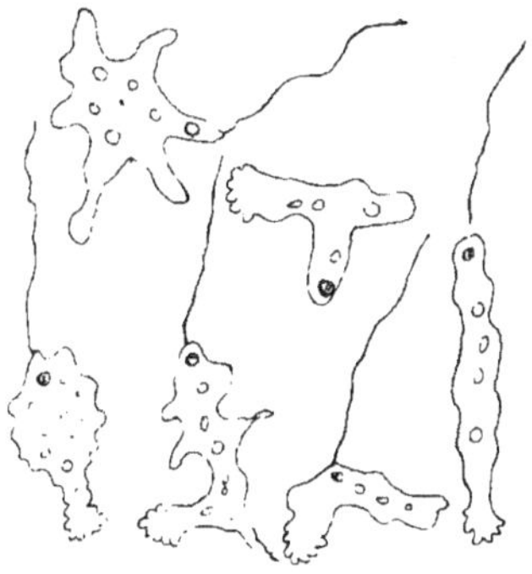

Si, au lieu de se borner à l'examen d'une cellule prise à un moment quelconque, on prolonge l'observation ou si on la répète systématiquement sur les mêmes matériaux, si, en d'autres termes, on substitue la méthode cinématique à la méthode statique, on voit un même animal présenter successivement le type amibe et le type monade. En ce cas, il doit être extrait des Rhizopodes pour rentrer dans la classe des Flagellates.

Fig. 26.— *Mastigamœba polyvacuolata.*
D'après Moroff.

Le type de la cellule n'est pas toujours pur. Le fouet moteur caractéristique du type monade se rencontre, dans le genre *Mastigamœba*, sur des cellules répondant d'ailleurs au type amibe (fig. 26). Des genres voisins offrent successivement des cellules amibiennes et des cellules monadiennes ; ils constituent avec le précédent l'ordre des Mastigamibiens, que la structure rudimentaire du noyau range à la base des Flagellates.

Les types amibe et monade ne sont pas spéciaux aux Protozoaires. Les éléments monadiens abondent à la base du règne végétal (*Volvox, Euglena*) ; on connaît des zoospores et des gamètes flagellifères chez les Algues, les

Champignons, les Muscinées, les Cryptogames vasculaires (fig. 27) et même des Gymnospermes (*Cycas, Ginkgo*). Ils abondent chez les Métazoaires où les cellules amibiennes ne manquent jamais.

La classe des Infusoires est parfaitement circonscrite. L'existence exceptionnelle de fouets moteurs n'est pas accompagnée de suppression des cils. C'est le type le plus évolué, le plus compliqué des Protozoaires. En raison de leur perfectionnement avancé, les Infusoires sont peu perfectibles. Leurs plastides sont si différentes de celles qui composent les autres organismes animaux, qu'elles sont peu aptes à se plier au parasitisme. Leur action infectieuse attend encore une preuve décisive. Nous aurons peu de chose à en dire.

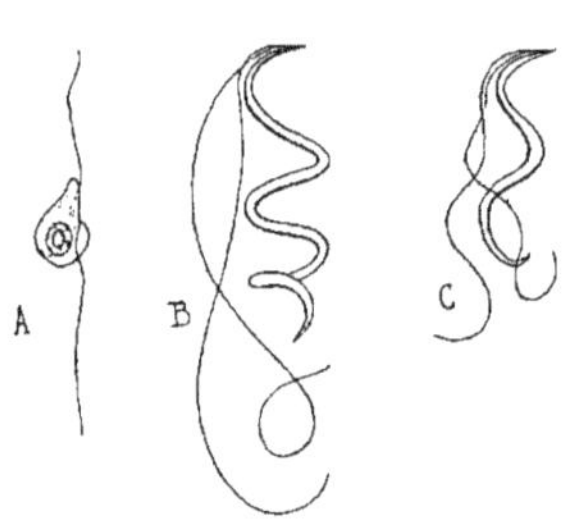
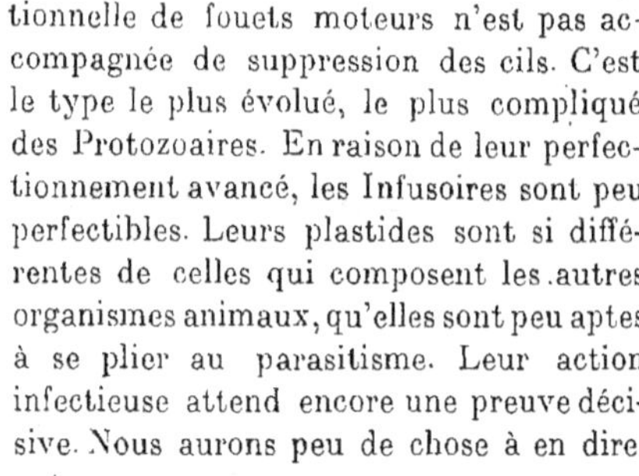
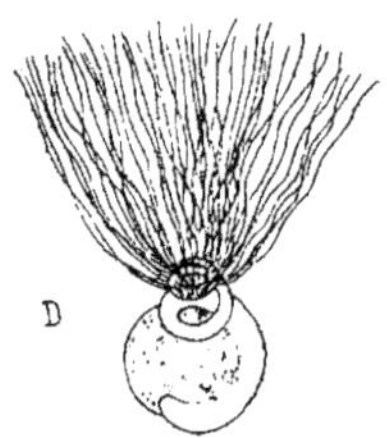

Fig. 27. — Gamètes mâles flagellifères. A, *Fucus* ; B, hépatique ; C, mousse ; D, fougère. D'après Guignard.

* * *

Les Inciliés s'opposent aux Ciliés parmi les Protozoaires, de même que les Invertébrés sont opposés aux Vertébrés parmi les Métazoaires ; la démarcation est encore mieux tranchée. C'est sur eux que va se concentrer notre intérêt.

Deux classes, Rhizopodes et Flagellates, forment les Inciliés. Nous envisagerons dans la première l'ordre des Amibiens. Les éléments des Flagellates offrent une grande diversité, rendant leur classification complexe. L'analogie des plastides avec celles de l'homme et des animaux supérieurs leur confère une grande aptitude au parasitisme, accrue par leur extrême plasticité qui leur permet de s'adapter aux circonstances en revêtant diverses allures.

## Flagellates

Les Flagellates sont moins dépaysés que les Infusoires dans le corps humain. Ils subissent l'influence du parasitisme et en reçoivent les stigmates. Les vacuoles pulsatiles manquent à toutes les espèces rencontrées chez l'homme. A part la suppression de cette adaptation au milieu anisotonique, certains parasites ressemblent aux espèces libres ; d'autres s'en écartent par de profondes modifications imprimées par la vie parasite. En conséquence, nous partageons les Flagellates parasites en deux séries : 1° Flagellates primitifs ; 2° Flagellates dérivés.

* * *

Des deux ordres distingués parmi les Flagellates primitifs, Mastigamibiens, Monadiens, le second seul va nous arrêter, juste assez pour y découvrir la souche des Flagellates dérivés. Nous la reconnaissons dans la famille des Leptomonades.

Les Leptomonades sont la famille inférieure de l'ordre. Le noyau n'est guère plus compliqué que celui des Mastigamibiens. Ce dernier est réduit à un caryosome amorphe ; dans celui des Leptomonades, la chromatine périphérique est distincte ; toutefois elle ne prend pas part à la mitose encore imparfaite, tandis que, dans les familles supérieures de Monadiens, la division comme la structure du noyau, répond à un type plus élevé.

Les *Leptomonas* présentent, dans leur configuration, une plasticité qu'on ne retrouve pas au même degré dans les familles suivantes et qui leur permet de s'adapter à divers milieux. On trouve dans l'eau des espèces qui nagent librement et diverses espèces qui s'y conservent des années à l'abri de kystes (Franchini, 1924). On en rencontre chez des végétaux variés pourvus de laticifères. La haute tension osmotique du latex gêne les mouvements du fouet dont elle provoque la régression. Le *Leptomonas davidi* vit aussi bien chez les Euphorbes et les Hémiptères, qui puisent le parasite avec le suc des plantes et l'inoculent à d'autres végétaux. Cette espèce supporte la température et la composition chimique du corps des animaux à sang chaud. Franchini (1922) inocula, dans le péritoine de souris blanches, du latex d'Euphorbe contenant des *Leptomonas davidi*. Des parasites gagnèrent le sang et divers organes ; parfois leur fouet était raccourci ; la pluralité des noyaux et des mastigosomes indiquait des divisions. Les organes fournirent des cultures. Les *Leptomonas* sont fréquents dans le tube digestif des Insectes hématophages ; ils s'y nourrissent du sang puisé par ces Insectes en piquant les Mammifères.

On s'attendrait à trouver fréquemment des *Leptomonas* ou autres représentants de la famille des Leptomonades dans la circulation des Mammifères et de l'homme. Le fait est pourtant rare. Vous avez deviné pourquoi ; ne venons-nous pas de voir que, dans les liquides hypertoniques, les *Leptomonas* perdent le caractère le plus apparent fourni par le fouet moteur ? D'autre part, l'extrême plasticité de leurs éléments leur permet de se transfigurer pour se mettre en harmonie avec de nouvelles conditions d'existence. Et voilà comment les adaptations parasitaires vont nous présenter les héritiers des Leptomonades sous le masque des Flagellates dérivés.


## Flagellates dérivés


Chez les Flagellates dérivés, les organes gênants, inutiles ou impuissants dans l'organisme, font défaut ou se reconnaissent sous des modifications leur permettant d'affronter la résistance et d'en triompher. Tout se passe comme si les Flagellates dérivés provenaient, par adaptation parasitaire, des Monadiens, tels que les *Leptomonas*, qui vivent souvent dans le tube digestif des Insectes.

On distingue quatre types de mérozoïtes dérivés du type monade : type grégarine, type hémogrégarine, type trypanosome, type pseudo-bactérie.

Les modifications affectent surtout la cinétide, simplifiée dans le premier type, où elle est réduite au mastigosome, supprimée dans le deuxième, compliquée dans le troisième, indiscernable dans le quatrième, où la plastide, condensée sous un faible volume, prend une apparence à peu près homogène.

Ces altérations sont en harmonie avec les conditions offertes par le milieu organique où vivent les parasites. Dans les deux premiers types, l'abondance de la nourriture fournie par l'hôte rend les déplacements superflus et provoque une intense multiplication des mérozoïtes ; les cellules, rassemblées

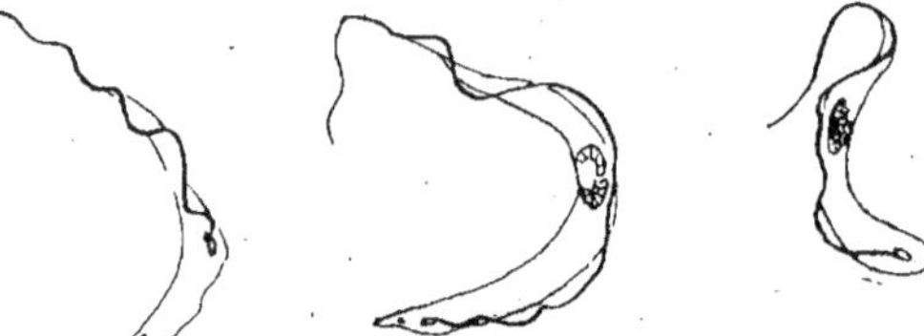

Fig. 28. — *Trypanosoma gambiense* dans le sang, d'après von Prowazek (Gr. : 1.750).

sur un espace restreint, parquées comme un troupeau (*grex, gregis*), ne se déplacent pas ; le fouet libre disparaît par défaut d'usage. Le mastigosome, dernier vestige de la cinétide dans le type grégarine, manque au type hémogrégarine. Ces cellules sédentaires se fixent à la surface ou à l'intérieur des cellules de l'hôte. Leur attroupement persistant les achemine vers la réalisation des tissus cohérents, qui est habituelle chez les Métazoaires. Les somatelles sont bien connues au stade diploïde des formes hémogrégariniennes chez les agents du paludisme, où les mérozoïtes, avant de se disjoindre, sont groupés en rosace ou en boule compacte ; elles sont plus rares dans les formes grégariniennes.

Le type trypanosome n'est pas sédentaire comme les précédents ; il s'observe dans les humeurs, telles que le plasma sanguin ou le liquide cérébro-spinal. La résistance de ces liquides de haute tension osmotique ne peut être surmontée par le fouet délicat des *Leptomonas*. Le type trypanosome est adapté à la natation dans les milieux visqueux par une étroite combinaison du fouet moteur avec le corps de la plastide. Au lieu de flotter librement au dehors, une partie du fouet, souvent la plus grande et, dans les cas extrêmes la totalité, recule vers l'intérieur en refoulant le mastigosome jusqu'au delà du noyau (fig. 28). Celui-ci, malgré sa transparence, est rendu visible par les colorants vitaux qui se fixent sur le caryosome (Lavier, 1927). La portion rentrante du fouet soulève le périplaste et forme avec lui une membrane ondulante qu'elle anime de sa propre contractilité. Les Monadiens du genre *Trichomonas* ont une membrane ondulante formée plus simplement ; le mastigosome n'est pas déplacé ; il reste antérieur ; c'est le fouet qui se courbe et devient récurrent en soulevant le périplaste (fig. 29) ;  si son extrémité se dégage, la portion libre est postérieure, au lieu de rester antérieure comme dans le type trypanosome.

La membrane ondulante n'est pas un moteur aussi rapide que le fouet libre. Ce qu'elle perd en vitesse, elle le gagne en puissance ; elle permet à la plastide de s'enfoncer dans les milieux visqueux comme une tarière ; c'est ce que rappelle le mot trypanosome (τρύπανον, tarière, trépan ; σῶμα, corps).

Fig. 29. — *Trichomonas intestinalis.* Fouet récurrent soulevant une membrane ondulante ; *b*, côte de soutien ; *c*, axostyle (Gr. : 2.300).

Les plastides du type pseudo-bactérie sont si petites, qu'elles passent à travers les pores des bougies Berkefeld en terre d'infusoires ou même des bougies Chamberland en porcelaine dégourdie très dense. Ce sont des animaux filtrants. Les substances qui les composent sont mélangées si intimement, que le noyau ne forme pas un corps circonscrit dans le cytoplasme ; aucune différenciation d'organes n'est apparente.

Le type pseudo-bactérie rappelle, par son aspect extérieur, les bactéries des genres *Spirillum, Bacillus, Micrococcus* ; il en diffère par sa structure animale ; l'absence de membrane ferme permet de dissoudre la plastide de dehors en dedans par les alcalins concentrés, la pepsine, etc.

Les plastides sont, tantôt agiles comme le type trypanosome, tantôt sédentaires comme les types grégarine et hémogrégarine. Les premières nagent dans les humeurs ; les secondes, en se contractant par des mouvements amiboïdes ou vermiculaires, sont capables de s'introduire activement dans les cellules.

## Rattachement des quatre types dérivés au type monade

Il s'agit maintenant de prouver que ces types de mérozoïtes, répondant aux diverses conditions de la vie parasite, dérivent des Monadiens les plus primitifs, tels que les *Leptomonas* libres ou occasionnellement parasites. Il faut montrer aussi que leurs caractères propres sont l'effet du parasitisme.

Nous allons saisir, par des exemples, le passage de la structure des *Lepto-*

*monas* à chacun des types dérivés, sous l'influence des milieux divers que le parasite rencontre dans l'organisme de son hôte.

Le *Leptomonas subulata* habite le tube digestif des Taons. Dans les portions antérieures, il offre la forme primitive ; parvenu dans l'intestin postérieur, il perd son fouet et les mérozoïtes se groupent en troupeaux grégariniens pavant l'épithélium ; dans l'intervalle, on rencontre des formes de passage où le fouet est indiqué par une racine intracellulaire (fig. 30).

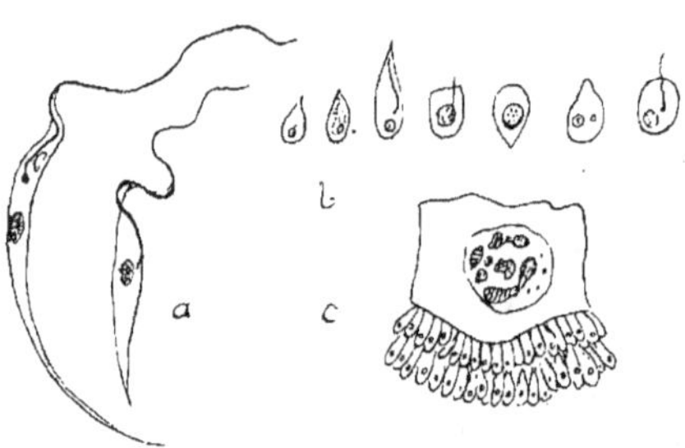

Fig. 30. — *Leptomonas subulata* dans le tube digestif d'un taon ; *a*, forme monadienne ; *b*, formes grégariennes ; *c*, troupeau grégarivien fixé à une cellule intestinale. D'après L. Léger.

Le *Leptomonas grayi* a pour hôte le *Glossina palpalis* qui se nourrit du sang des Vertébrés. La même mouche héberge aussi le *Trypanosoma gambiense*, agent de la nélavane ou mal du sommeil, qu'elle inocule à l'homme. Le *L. grayi* n'est pas transmissible aux Vertébrés dont la Glossine suce le sang ; néanmoins il revêt transitoirement une forme qui fut prise pour le *Tr. gambiense* ; c'est un exemple d'adaptation convergente, résultant de la communauté d'habitat et de régime. Au début du canal alimentaire, le type monade est inaltéré (fig. 31, *a*) ; dans l'ampoule rectale, on ne trouve que le type grégarine qui s'enkyste (fig. 31, *f-h*) et propage le parasite parmi les Glossines par l'intermédiaire du milieu extérieur. Dans les portions moyennes du tube digestif, à mesure que le contenu s'épaissit, le fouet rentre et donne le type trypanosome en mélange avec la forme crithidie, où le refoulement du mastigosome n'atteint pas le noyau et où le fouet rentré ne soulève pas de membrane ondulante. Cette forme a été comparée à un grain d'orge (κριθή, orge) (fig. 31, *b-e*).

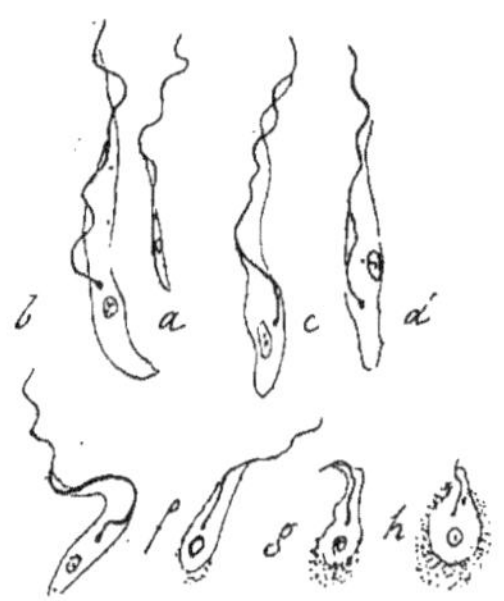

Fig. 31. — *Leptomonas grayi* ; *a*, forme monadienne passant de la forme crithidienne (*b-c*), à la forme trypanosomienne (*d*) ; *e-h*, enkystement dans le rectum. D'après F. Roubaud.

Il est donc bien établi que le type trypanosome, comme le type grégarine, dérive du type monade. Pour démontrer que le type hémogrégarine et le type pseudo-bactérie ont une semblable origine, il suffit de les relier au type trypanosome.

Un parasite hétéroxène, c'est-à-dire exigeant deux hôtes successifs appartenant à des espèces différentes, offre, dans l'intestin d'une sangsue nord-africaine (*Helobdella algira*) le type trypanosome, dans le sang de grenouille le type hémogrégarine ; on en avait fait deux espèces, *Trypano-soma inopinatum* et *Hæmogre-garina splendens* Laveran (syn.: *Dactylosoma splendens* Labbé) ; c'est l'*Hæmoproteus ranarum* qui revêt les deux types selon le milieu (fig. 32).

Le type hémogrégarine est moins parfaitement réalisé par l'*Hæmoproteus noctuæ* Celli et Sanfelice, autre parasite hété-roxène, se nourrissant de sang, alternativement chez la Che-vêche (*Athene noctua*), sorte de hibou, emblème de Minerve Athénée et chez le Cousin vulgaire(*Culex pipiens*).

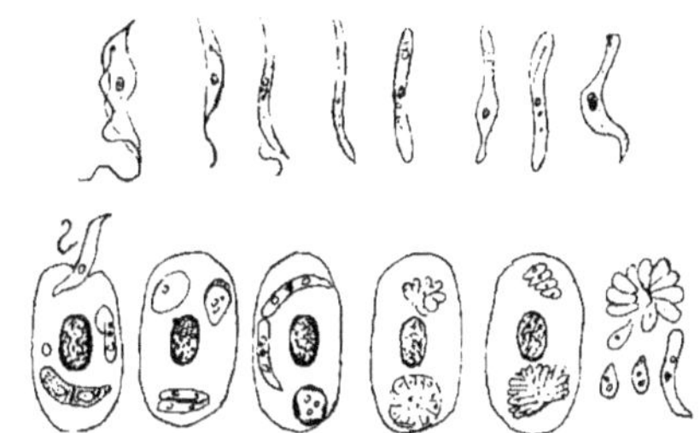

Fig. 32. — *Haemoproteus ranarum*. En haut, intestin de sangsue (*Helobdella algira*) ; en bas, sang de grenouille verte d'Algérie. D'après A. Billet.

Les mérozoïtes du type trypanosome, inoculés par le moustique, se meuvent dans le plasma sanguin de la Chevêche ; péné-trant dans les globules rouges, ils s'immobili-sent, ne gardant de leur cinétide qu'un vestige de mastigosome accolé au noyau (fig. 33).

Le passage du type trypanosome au type pseudo-bactérie s'obser-ve chez un autre para-site hétéroxène du Cou-sin et de la Chevêche, le *Leucocytozoon danilewskyi*. Partons des petits

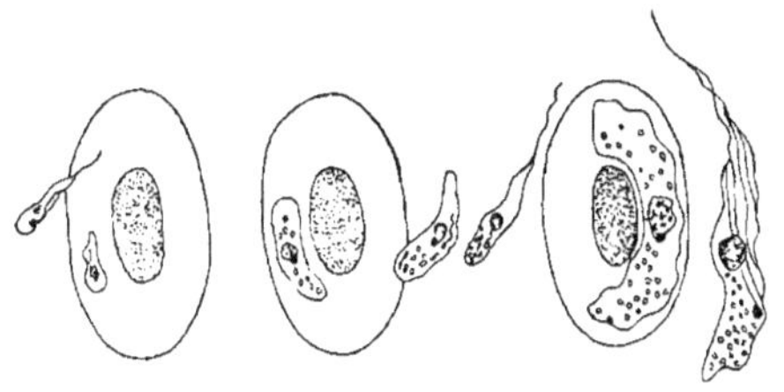

Fig. 33. — *Haemoproteus noctuæ*. Dans le sang de la Chevêche (*Athene noctua*). Passage transitoire à une forme voisine des hémogrégarines à l'intérieur des globules rouges nucléés de l'oiseau. D'après Schau-dinn.

mérozoïtes du type trypano-some observés dans l'esto-mac du Cousin (fig. 34, *a*). Sortis de l'estomac, ils pénè-trent dans les tubes de Mal-pighi, organes d'excrétion ; là leurs divisions, rapidement répétées, donnent des éléments de plus en plus fins, finale-ment des fils ressemblant à des Spirilles (fig. 34, *b-h*) à tel point que Schaudinn les ran-gea, avec les Tréponèmes de la syphilis qu'il connaissait

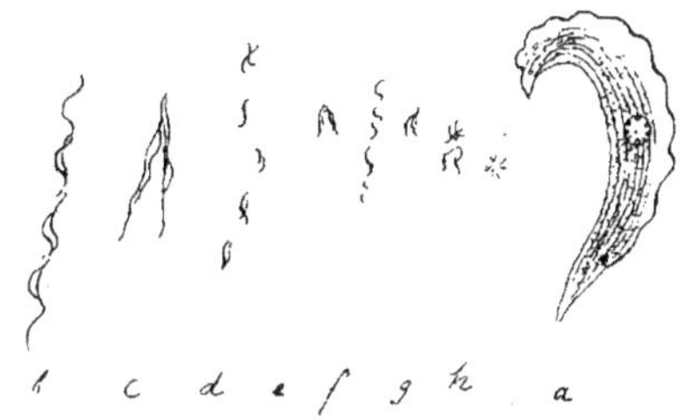

Fig. 34. — *Leucocytozoon danilewskyi*. *a*, forme trypanosome : *b-h*, divisions rapides donnant des formes de plus en plus fines passant aux pseudobactéries. D'après Schaudinn, Em. et Et. Sergent.

mieux que personne, dans le genre *Spirochæta*, considéré d'abord comme un genre de bactéries voisin des *Spirillum*. Le *Trypanosoma brucei*, agent du nagana, maladie du bétail inoculée par la mouche tsé-tsé (*Glossina morsitans*), possède, outre le type trypanosome, une forme pseudo-bactérienne.

Le *Leptomonas drosophilæ* a une forme de *Treponema* (fig. 35).

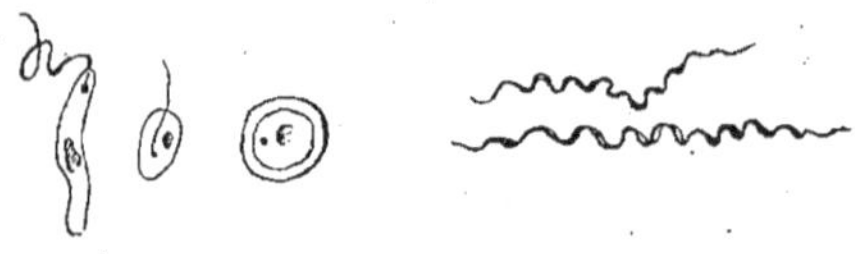

Fig. 35. — *Leptomonas drosophilæ*. Passage au *Treponema*. D'après Chatton.

## Division de la série des Flagellates dérivés

Nous y distinguons trois ordres : 1º Trypanosomiens ; 2º Sporozoaires ; 3º Pseudobactéries, d'après l'altération de la structure cytologique.

L'ordre des Trypanosomiens est caractérisé par la présence constante de mérozoïtes du type grégarine. On trouve en outre, dans certains genres, le type trypanosome et rarement le type monade primitif des *Leptomonas* L'haplophase et la diplophase sont réparties entre deux hôtes, dont l'un au moins à sang froid.

L'ordre des Sporozoaires est caractérisé par les mérozoïtes hémogrégariniens, dont quelques-uns jouent le rôle disséminateur de spores. Le type hémogrégarine fait retour à la simplicité des Amibiens. Les Sporozoaires sont pourtant dérivés des Monadiens, comme le prouve la présence de quelques éléments pourvus de cinétide, par exemple les spermatozoïdes d'*Echinospora*. C'est donc un groupe bien plus évolué que les Rhizopodes.

L'ordre des Pseudobactéries se distingue par la confusion des organes condensés dans une plastide très petite et par l'impossibilité de limiter les stades de l'ontogénie.

## Parasitisme des Flagellates dérivés

Le parasitisme est nécessaire à la plupart des Flagellates dérivés. Rares sont ceux qui se propagent indéfiniment en liberté et ne deviennent parasites que par occasion.

Non moins rares sont les parasites attachés exclusivement à l'homme. Encore arrive-t-on à les contraindre expérimentalement à adopter d'autres hôtes.

Dans les conditions naturelles, un parasite accomplit toute son ontogénie, comme les précédents, chez le même hôte ; c'est un parasite **autoxène** ;

ou bien il exige une alternance d'hôtes d'espèces différentes ; c'est un parasite **hétéroxène**. La même alternance est connue depuis longtemps parmi les végétaux, notamment chez les Champignons de l'ordre des Urédinées qui causent la rouille des céréales. Elle fut d'abord nommée hétérœcie, mot qui signifie changement d'habitat ; ce terme convient au déplacement dans les limites du corps ; hétéroxénie indique nettement le passage d'un hôte à un hôte d'espèce différente. Les deux hôtes sont également nécessaires au parasite. Il s'agit souvent de l'homme et d'un Invertébré. Ce dernier nous paraissant le moins intéressant des deux est communément traité d'hôte complémentaire. A vrai dire ils sont des hôtes complémentaires l'un de l'autre. L'Invertébré est même l'hôte primitif, suffisant à des espèces voisines autoxènes, d'où dérivent les espèces adaptées à l'hétéroxénie.

D'autres parasites accomplissent la totalité de leur ontogénie chez un même hôte comme les autoxènes ; cependant ils ne passent pas naturellement d'un individu à l'autre de la même espèce. De même que les hétéroxènes, ils vivent alternativement chez des hôtes différents. Ils se distinguent des hétéroxènes plus encore que des autoxènes, en ce que chaque hôte leur convient également et leur suffit ; ils adoptent l'un ou l'autre selon les circonstances. C'est cette indifférence que j'exprime par le terme de parasites **potéroxènes**.

# CHAPITRE VI

## PROTOZOAIRES FILTRANTS

Il est des animaux qui, constamment ou temporairement, descendent à des dimensions assez petites pour leur permettre de traverser les pores d'un filtre rigide, tel que les bougies Berkefeld ou Chamberland ; ce sont les animaux filtrants.

Les substances colloïdales, n'étant pas poreuses, ne se prêtent pas à la filtration. Pourtant Bechold réussit à les faire traverser par des particules minérales sous l'action d'une pression extérieure assez puissante pour écarter les micelles qui forment la portion solide du colloïde. Les ultrafiltres de Bechold retiennent les albumines et la plupart des toxines bactériennes ; il en est de même des membranes de collodion.

Levaditi et Nicolau (1923) introduisent dans des sacs de collodion des émulsions cérébrales virulentes clarifiées par centrifugation ; ils les soumettent à une pression de 10-12 cm. de mercure ; ils constatent par inoculation la virulence du suc transsudé, très constante pour le virus vaccinal, puis, par ordre décroissant de fréquence, pour les agents de la rage, de l'encéphalite du lapin, de l'herpès. L'agent de la fièvre aphteuse ne traverse pas le collodion, mais bien les ultra-filtres les plus minces de Bechold.

S'il s'agissait d'ultrafiltration, il s'ensuivrait que des êtres vivants qui, nous le verrons, sont des animaux, auraient un diamètre inférieur à celui d'une molécule de matière protéique ; une telle conséquence est inconcevable.

L'explication n'est pas difficile. A l'inverse des corps inertes, l'animal est doué d'une motilité lui permettant de se frayer activement un chemin au travers des masses molles colloïdales. Il ne s'agit, ni de filtration, ni d'ultrafiltration passive, mais de pénétration active avec perforation bien vite comblée par le resserrement d'une matière éminemment plastique.

Il importe donc de distinguer la filtration passive de la pénétration active.

Les animaux filtrants sont des Protozoaires : on en rencontre dans les trois ordres de Flagellates dérivés.

## Trypanosomiens

Parmi les Trypanosomiens, le *Trypanosoma brucei* (fig. 36), mentionné.
au chapitre précédent, possède une forme filtrante, pseudo-bactérienne

Reich et Beckwitz (1922)
broient des organes de
cobayes hébergeant l'a-
gent du nagana. L'émul-
sion dans l'eau citratée
à 10 % est additionnée
de *Bacillus prodigiosus* ;
on la filtre sur gaze, puis
sur terre d'infusoires.
Dans 19 cas où le Bacille,
dont le diamètre ne dé-
passe pas toujours un
quart de micro millimè-

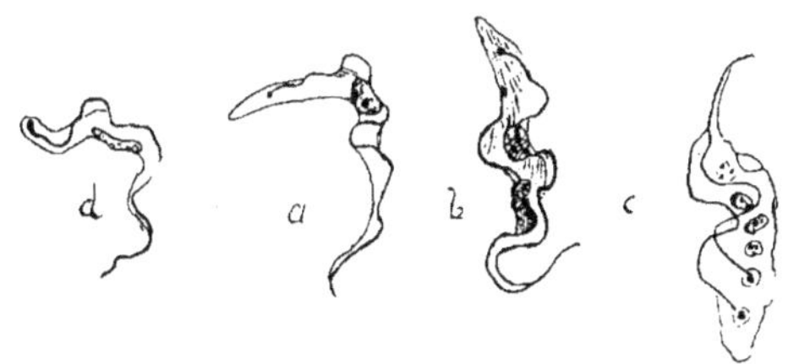


Fig. 36. — *Trypanosoma brucei. a*, forme typique ;
*b, c*, divisions rapides aboutissant à *d* forme plus
fine. Original.

tre, était retenu, on en note 10 où 3 cc. de filtrat, injectés dans le péritoine du cobaye, lui transmirent le *Tr. brucei.*

Cette expérience fournit une donnée importante en prouvant que le
diamètre des formes filtrantes est inférieur à 0 μ 25.

## Microsporidies

On rattache les Microsporidies à l'ordre des Sporozoaires. Cette famille
renferme de nombreux agents infectieux munis de formes filtrantes.

* * *

**Poliomyélite.** — La moelle épinière des sujets atteints de poliomyélite fournit des cultures anaérobies dans lesquelles Flexner et Noguchi
(1913) discernèrent de petits globules isolés ou agencés en chaînettes, qu'ils
comparent aux *Cytorrhyctes variolæ* et *vaccinæ*. Le parasite a été vainc-
ment cherché dans l'organisme malade ; on ne saurait s'en étonner, car
c'est un animal si ténu, que Landsteiner et Levaditi obtinrent sa filtration à travers les bougies Berkefeld et Chamberland. La poliomyélite est
une maladie qui ne respecte aucun âge, bien que sa forme la plus fréquente
soit la paralysie infantile. C'est une myélite diffuse avec prédominance
des lésions au niveau de la substance grise (πολιός, gris) des cornes antérieures ; elle atteint constamment la substance blanche et les méninges ;
elle peut remonter au bulbe, à la protubérance et au cerveau.

La transmissibilité de la poliomyélite est bien connue. Aux Etats-Unis,

Dingman (1916), confirmé par Knapp, Godfroy et Aycock (1926), relate des épidémies diffusées par le lait trait par des employés atteints de poliomyélite à ses débuts. La petitesse du parasite favorise évidemment sa dispersion.

La spécificité du *Cytorrhyctes* de la poliomyélite, ainsi que son action infectieuse, est démontrée par l'effet thérapeutique du sérum préparé par Rosenow, Towne et Whealer en injectant des cultures. Un sérum curatif est obtenu plus simplement par Stéfanopoulo (Thèse Paris, 1924) sous la direction de Pettit. Sans recourir aux cultures laborieuses, des singes sont inoculés dans le cerveau avec le tissu nerveux d'animaux préparés. Sans attendre leur mort, qui surviendrait au bout de 7 jours, on les sacrifie en pleine période agonique. La moelle et le bulbe sont aussitôt placés et conservés dans la glycérine neutre ; au moment de l'emploi, ils sont lavés dans l'eau physiologique stérile et réduits en pulpe, dont on fait une suspension dans l'eau salée à 8,5 % (une partie de pulpe, neuf parties de liquide). Le sérum est préparé en injectant la suspension dans les veines d'un cheval, 20-40 cc. chaque semaine pendant deux mois, puis chaque quinzaine.

Le traitement sérothérapique comporte l'injection de 100-200 cc. de sérum, le premier jour, 10 cc. dans le canal rachidien et 30 cc. dans les muscles, les trois jours suivants, 20 cc. dans la masse sacro-lombaire et 20 cc. sous la peau. La sérothérapie s'est montrée efficace contre la poliomyélite aiguë ou subaiguë de l'adulte. La formation d'anticorps spécifiques, mise hors de doute par ce résultat, suffit à démontrer le pouvoir infectieux de l'agent de la poliomyélite.

* * *

**Excroissances cutanées.** — Dans le molluscum contagiosum, A. Borrel avait mis en évidence, par la méthode de surcoloration (mordançage au tannate de fer suivi d'un bain dans la fuchsine phéniquée suivant le procédé de Ziehl), des corpuscules isolés, géminés ou en chaînettes. A. Borrel et Mlle Muller (1924), ayant retrouvé des formes semblables dans les pustules vaccinales, insistent sur l'affinité des deux agents. L'absence de kystes nous fait hésiter à faire rentrer les corpuscules du molluscum dans le genre *Cytorrhyctes*.

A. Serra avait démontré la filtrabilité des virus du molluscum contagiosum et de la verrue vulgaire. En 1924, il étend la démonstration au papillome et au condylome acuminé. Il s'inocule à lui-même, ainsi qu'à d'autres volontaires, sur la peau scarifiée de divers points du corps, le produit de broyage, filtré sur bougie Chamberland, de papillomes ou de condylomes acuminés. Après une incubation de 4 à 6 mois, il se développe, au niveau des inoculations, des saillies ayant l'aspect, soit de verrues, soit de papillomes. Toutes les inoculations ne sont pas suivies d'effet, ce qui indique une inégale sensibilité des individus et des régions du tégument. Dans ces lésions provoquées, aussi bien que dans les lésions spontanées et dans le filtrat, Serra distingue des fines granulations semblables à celles du molluscum contagiosum. Toutes ces excroissances cutanées semblent causées par le même Protozoaire filtrant.

Nous renvoyons au chapitre suivant l'examen du célèbre Bactériophage de d'Hérelle, qui est un *Cytorrhyctes* traversant les bougies Berkefeld et Chamberland, les agents de la fièvre aphteuse, de l'anémie pernicieuse des Equidés, de la maladie des jeunes chiens, qui filtrent facilement, ainsi que d'autres Microsporidies certaines ou présumées, dont la filtrabilité n'a pas été recherchée, que je sache.

## Pseudobactéries

Avec les Microsporidies, les Pseudobactéries renferment la majorité des animaux filtrants. On n'a pas observé de kystes chez les Pseudobactéries comme chez les Microsporidies, en sorte que, si le rattachement de cette dernière famille à l'ordre des Sporozoaires est admissible, quoique discutable, les Pseudobactéries apparaissent comme un ordre bien isolé.

Les Pseudobactéries ressemblent aux bactéries par leur configuration non moins que par leur taille infime, par l'absence de noyau circonscrit et par conséquent d'indice d'appareil sexuel. Ehrenberg (1834) avait distingué à ses mouvements le genre *Spirochæta*, qui se déforme en se déplaçant, du genre *Spirillum*, formé également de spires, mais qui tourne sans se déformer. On a découvert plus tard que les *Spirillum* ont des organes moteurs flagelliformes extérieurs à une membrane rigide comme toutes les bactéries mobiles. Le genre *Spirillum* appartient aux bactéries, le genre *Spirochæta* aux animaux, parmi lesquels il est devenu le prototype des Pseudobactéries.

A côté des *Spirochæta*, dont le filament est enroulé en hélice à bouts obtus, on place les *Treponema* tels que l'agent de la syphilis (*Tr. pallidum*) et celui du pian (*Tr. pertenue*), dont les bouts sont aussi émoussés, mais dont les sinuosités sont contenues dans un plan au lieu de tourner autour d'un axe et le genre *Borrelia*, dont les bouts sont aigus et les sinuosités sans orientation fixe. Sous ces divers aspects, la forme spirilloïde caractérise, dans l'ordre des Pseudobactéries, la famille des Spirochétidés.

Nous avons mentionné, au début du chapitre, des formes spirilloïdes, pseudo-bactériennes, chez des Trypanosomiens. Nous pouvons en inférer que les Sphirochétidés sont des Protozoaires dérivés des Monadiens par simplification de structure et réduction du diamètre au-dessous de 1 μ.

Outre la forme agile, monadienne, divers Spirochétidés offrent une forme sédentaire, comparable à une Hémogrégarine en miniature. Cette forme résulte de la fragmentation du filament. Des éléments analogues sont nommés arthromicrobes par Burnet (1926) par comparaison avec les arthrospores des Champignons, qui se détachent par le même procédé.

Chez maintes Pseudobactéries, on n'a pas rencontré d'autre forme, notamment dans le genre *Rickettsia*, fondé par da Rocha-Lima ; aussi cette réduction du type hémogrégarinien est-elle appelée forme rickettsienne. Vu la difficulté que l'on éprouve à la dépister, on la néglige pour le diagnostic quand la forme spirilloïde est abondante.

Il est pourtant des cas où il n'en existe pas d'autre ; en redoublant d'attention, on finit par la dépister. Les Pseudobactéries dont on ne connaît que la forme rickettsienne constituent la famille des Rickettsidés, avec les genres *Rickettsia* dont les plastides sont courtes, plus ou moins arrondies comme des Microcoques, *Grahamella*, où elles sont oblongues comme des Bacilles.

## Spirochétidés

**Spirochæta**. — Un premier exemple de Spirochétidé filtrant est offert par le *Spirochæta ictero-hemorragiæ*, agent de la spirochétose hépato-rénale, anciennement désignée sous le nom moins exact d'ictère infectieux hémorragique, attendu que les hémorragies sont loin d'être constantes. Le filament n'est jamais bien gros (0,2-0,3 $\mu$) ; il est pourtant assez compliqué ; M^lle Zuelzer (1918) a discerné un axostyle plus fortement colorable que les spires et provoquant des écarts brusques, des sauts latéraux, constatés sur le vif à l'ultramicroscope. A l'ultramicroscope également, Comandon vit des formes bifurquées (fig. 37) ; les branches ne résultent pas d'une fission ou division longitudinale, mais d'un bourgeonnement subapical. Erich Hoffmann (1920) observe une seule branche très fine, animée de mouvements indépendants de ceux du tronc. Ces fils subtils dont le diamètre est de l'ordre du dix-millième de millimètre, sont aptes à traverser les pores des terres les plus denses. Buchenan (1927) obtient la filtration 3 fois sur 18.

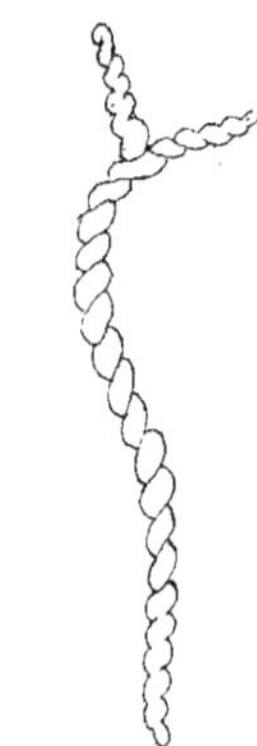

Fig. 37. — *Spirochæla ictero-hemorragiæ*. D'après Comandon, Martin et Pettit.

* * *

**Borrelia**. — Le *Borrelia couvyi*, agent de la dengue, fièvre à accès parfois récurrents se terminant par un exanthème polymorphe suivi de desquamation, règne dans la région méditerranéenne orientale, notamment en Syrie. La dengue sévit aussi en Egypte, au Maroc, à Dakar, au Soudan, à la Nouvelle-Calédonie, aux Philippines, en Amérique, de l'Ecuador au Brésil ; elle régna en Grèce pendant l'été de 1928.

Outre la forme spirilloïde étudiée par Couvy (1921), le *B. couvyi* a une forme rickettsienne, seule aperçue par Harris et Duval (1924) ; ce sont des corpuscules globoïdes de 0,1 à 0,3 $\mu$, colorés par le réactif de Giemsa, la fuchsine phéniquée, non par le procédé de Gram. Elle existe dans la circulation générale et, d'après Ashburn et Craig, filtre à travers les pores des bougies. Harris et Duval (1924) inoculent du sang de malade dans la cavité péritonéale des cobayes. Ils obtiennent le même résultat avec le filtrat de sang qu'avec le sang complet. Après une incubation de 2 à 5 jours, l'hyperthermie dure 3-4 jours ; dans la moitié des cas, une rechute survient après 24-48 heures de température normale ; on n'observe pas d'exanthème. Les globules blancs se raréfient ; la prolifération des cellules endothéliales est manifeste, surtout au voisinage des corpuscules de Malpighi de la rate et au centre des ganglions lymphatiques. La maladie du cobaye, analogue à la dengue humaine, a été transmise d'animal à animal ; on a obtenu une série de 45 passages.

L'action spécifique du parasite filtrant est démontrée par Carbo-Noboa. Le sérum des cobayes guéris dissout les cultures (phénomène de Pfeiffer) ; le sérum des malades les agglomère. La dengue est donc une maladie infectieuse causée par un Protozoaire filtrant, le *Borrelia couvyi*.

* * *

**Oreillons.** — Les oreillons ont pour agent un *Borrelia* découvert par Yves Kermorgant (1925). A l'ultramicroscope, on distingue un filament onduleux, mesurant $10\text{-}14 \times 0,3\,\mu$. On a pu le cultiver en anaérobie sur sérum de cheval et le repiquer sur sérum de lapin dilué, toujours à l'abri de l'air. Ces cultures sont mixtes ; le *Borrelia* des oreillons ne prospère qu'en compagnie d'une bactérie du genre *Pseudomonas* qui vient avec lui du malade. On obtient sans peine des cultures pures de la bactérie ; il suffit pour cela de chauffer la culture mixte à 56° ; cette température, tolérée par le *Pseudomonas*, tue le *Borrelia*. Les cultures pures de la bactérie supportent l'aération. Leur injection est inoffensive, tandis que les oreillons sont transmis au singe et au lapin par les cultures mixtes. Le *Borrelia* de Kermorgant est donc bien l'agent pathogène. On a encore réussi à conférer les oreillons par le *Borrelia* séparé mécaniquement du *Pseudomonas*. Dans des cultures de deux mois on ne voit plus de forme spirilloïde ; et pourtant cette forme reparaît dans de nouvelles cultures ensemencées avec les précédentes. C'est qu'en vieillissant, les filaments se sont fragmentés en arthromicrobes de forme rickettsienne. Le processus de cette transformation a été suivi dans des cultures encore vigoureuses. Les filaments se coupent en deux, après étirement médian ou plus rapproché d'une extrémité. La division est égale ou inégale ; dans ce dernier cas, le segment court peut être réduit à un arc ou à un granule. Une culture filtrée abandonne dans la bougie les bactéries et les filaments ; le filtrat ne contient que la forme rickettsienne du *Borrelia* qui suffit à transmettre les oreillons.

Il est équitable de nommer *Borrelia kermorganti* l'agent des oreillons. C'est un Protozoaire filtrant sous sa forme d'arthromicrobe. C'est, de plus, un animal infectieux. Une première atteinte confère l'immunité aux animaux. Des cultures atténuées vaccinent le lapin. Le sérum des sujets guéris depuis plusieurs mois, dilué au centième, agglomère à 1 : 1000 les *Borrelia* des cultures ; il en détermine la lyse ou au moins l'immobilisation. L'intensité des séroréactions est proportionnelle à la violence des oreillons.

## Rickettsidés

Les formes filtrantes ont plus souvent attiré l'attention dans la famille des Rickettsidés.

* * *

**Typhus.** — L'agent du typhus exanthématique, qui seul mérite le nom d'agent typhique, appliqué à tort au Bacille de la fièvre typhoïde (typhus abdominal des Allemands) est appelé *Rickettsia prowazeki* par da Rocha-Lima (1919). C'est un parasite potéroxène, ayant pour hôtes alternatifs l'homme et le pou du corps (*Pediculus vestimenti*). Puisé par le pou qui pique et suce un malade, il est éliminé dans les crottes où il survit trois jours à la dessiccation selon Sikora (1923). D'après Ch. Nicolle, il est introduit par le grattage dans la peau souillée des déjections des poux contaminés ; il se répand aussi sur le tégument avec le liquide coxal épanché à la suite de la rupture des pattes.

Le *Rickettsia prowazeki* se présente sous forme de très petits Microcoques, de bâtonnets assez longs, parfois en haltères ; on serait tenté d'y voir des bactéries, si la coloration ne démontrait l'absence de membrane différenciée. L'azur-éosine de Giemsa lui donne des tons variant du rose au bleu violacé.

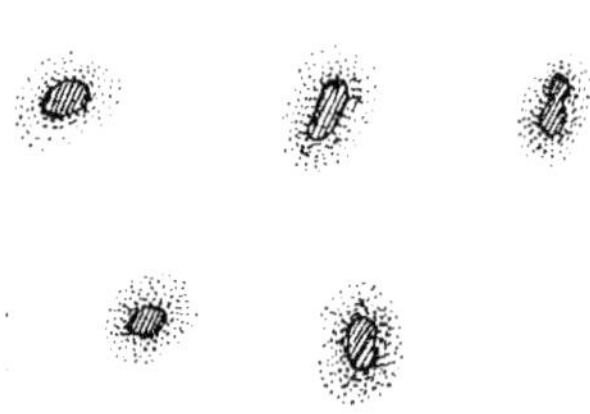

Fig. 38. — *Rickettsia prowazeki.* Amplification à 10.000 diamètres environ.

Une bonne différenciation y laisse discerner une couple d'éléments lancéolés de 0,2 à 0,3 μ, entourée d'un halo non colorable (fig. 38).

Le *Rickettsia prowazeki* est un animal filtrant. Ch. Nicolle (1924) publie une curieuse expérience qu'il réalisa en 1918 avec Lebailly. Un cobaye, ayant toléré une inoculation de sang filtré de typhique sans être incommodé, transmit le typhus fébrile à deux autres cobayes. L'indifférence du premier cobaye au parasite qu'il garde et qu'il est capable de transmettre avec ses propriétés pathogènes n'est pas aussi surprenante qu'on pourrait le croire de prime abord. Dans des expériences antérieures, Ch. Nicolle (1911) avait constaté que des cobayes, inoculés comme les autres, ne présentaient pas même d'élévation thermique ; néanmoins leur sang transmettait le typhus dans la période correspondant à la fièvre des témoins.

L'indifférence d'un cobaye peut résulter d'une inertie passagère qui le rend momentanément impropre à la réaction, condition essentielle de l'infection qui ne se réalise pas sans la connivence du malade. Des cobayes qu'une première inoculation n'a pas rendus malades sont infectés par une nouvelle tentative. Naturellement la seconde inoculation est souvent inopérante comme la première.

Ce qui est l'exception chez le cobaye est la règle pour le rat gris ou blanc, la souris blanche, la gerbille. Tous ces Muridés sont des porteurs sains, des vecteurs de *Rickettsia prowazeki* qu'ils colportent sans être typhiques. Le sérum des rats inoculés n'a jamais de propriétés immunisantes pour la bonne raison qu'il ne renferme pas ces anticorps témoins de l'infection, qui ont permis à Ch. Nicolle d'utiliser, avec un succès constant, le sérum des convalescents de typhus pour prémunir l'entourage des malades et le personnel sanitaire.

Nicolle et Lebailly (1919) qualifient d'infection inapparente l'état des animaux qui logent le parasite sans être malades. L'expression est impropre. Nous n'avons aucune preuve de la réaction, de la production d'anticorps pouvant entraîner l'infection. L'infection inapparente est une infection imaginaire ; c'est une **infestation sans infection.**

Nous devons à Nicolle lui-même (1924) la preuve que les porteurs sains ne sont pas infectés. Le cobaye guéri d'une infection expérimentale de typhus est réfractaire à une nouvelle infection ; il garde les parasites inoculés ultérieurement et peut les transmettre par inoculation de son sang et même de son cerveau ; mais lui-même ne réagit pas.

* * *

**Fièvre jaune**. — La fièvre jaune est, comme le typhus, causée par un Protozoaire filtrant. Les découvertes fondamentales furent faites en 1901 par une commission américaine chargée de rechercher les causes de l'insalubrité de Cuba, où chaque année, la fièvre jaune faisait des hécatombes. Finlay avait démontré que l'agent est inoculé par un moustique, l'*Aedes argenteus*. Il s'agissait de découvrir cet agent ; les expériences étaient nécessaires ; mais à cette époque, on ne connaissait pas d'animal réceptif ; on ne pouvait compter que sur l'abnégation héroïque des savants eux-mêmes ; elle ne fit pas défaut et suscita le dévouement de leurs auxiliaires. Le 5 juillet 1901, Reed et Carroll constatent que la fièvre jaune se déclare quand on injecte du sérum de malade dilué dans l'eau physiologique, puis filtré sur bougie Berkefeld.

Une mission française, composée de Marchoux, Salimbeni et Simond, fut envoyée par l'Institut Pasteur à Rio de Janeiro ; son rapport, publié en 1903, confirme les conclusions de la commission de Cuba, en précisant que le sang humain est virulent les trois premiers jours de la maladie. Les savants français font leurs inoculations à quelques volontaires prêts à tous les risques. Le sérum non dilué garde toute sa virulence après filtration sur bougie Chamberland F. ; la bougie B a des pores trop fins. Il suffit d'injecter sous la peau un dixième de centimètre cube ; le simple dépôt sur la peau, même scarifiée, est inopérant. L'agent de la fièvre jaune n'est donc pas plus gros que les pores de la bougie F.

D'autre part, le sérum perd sa virulence à l'air en 48 heures par une température de 24 à 30°, ainsi que par un chauffage à 55° pendant 5 minutes. Ces nouvelles données de la mission française au Brésil prouvent que l'agent est un être vivant, un parasite dépourvu de formes résistantes telles que des kystes. Sans avoir vu ce parasite, on est autorisé à le rapporter aux *Rickettsia* ou à un genre très voisin ; aucun fait ne s'oppose à ce rapprochement et à la désignation du parasite sous le nom de *Rickettsia amarilæ*.

Noguchi (1919) découvrit un comparse de l'agent invisible de la fièvre jaune ; c'est le *Borrelia icteroides* (fig. 39), que certains auteurs ont confondu à tort avec le *Spirochæta ictero-hemorragiæ*. A Guayaquil, Noguchi avait observé ce Spirochétidé dans 3 cas de fièvre jaune sur 27 ; dans 4 cas où l'examen était négatif, l'inoculation du sang humain au cobaye fut suivie au bout de 5 jours, de l'apparition des *Borrelia* ; ceux-ci existaient donc sans être discernables chez les

Fig. 39. — *Borrelia icteroides*. Figure construite sur les données de Noguchi.

malades et les cobayes dès l'inoculation ; ce dernier point est vérifié par l'inoculation du sang des cobayes dès le troisième et même le deuxième jour. Ce fait prouve que le *Borrelia icteroides* présente, outre la forme spirilloïde, une forme rickettsienne résultant de la fragmentation des filaments en arthromicrobes. Noguchi, d'ordinaire plus réservé, dépassa la portée de l'expérience en supposant que l'agent indiscernable de la fièvre jaune a la même provenance et n'est qu'une forme du *B. icteroides*.

Le *B. icteroides* est inoculé, comme la fièvre jaune par l'*Aedes argenteus* ; il n'est donc pas surprenant que les deux parasites coexistent chez quelques malades ; mais on ne connaît pas d'action pathogène exercée sur l'homme par le *Borrelia*. Leur association est fortuite. Au rapport du médecin général Lasnet (1928) le *Borrelia* n'a jamais pu être décelé au Sénégal, malgré de minutieuses recherches ; Noguchi lui a déclaré qu'il ne l'avait pas trouvé à Accra dans le sang. Les Rongeurs sensibles au *Borrelia icteroides* sont réfractaires à la fièvre jaune. La question est jugée.

L'orientation des recherches a été changée par la découverte de la parfaite réceptivité d'un singe. Le *Macacus rhesus* (bonnet chinois) contracte par inoculation une fièvre jaune reproduisant fidèlement le tableau clinique décrit chez l'homme, y compris le *vomito negro*. Marchoux (1928) opère sur quatre bonnets chinois importés de l'Inde au Sénégal. Le premier reçoit, dans le péritoine, une émulsion de foie d'un Macaque sacrifié à la dernière période, le second, une goutte dans le sac conjonctival, le troisième, quelques gouttes sur la peau de l'aine gauche scarifiée jusqu'au tissu conjonctif sous-cutané ; le même dépôt est effectué sur la peau saine de l'aine gauche du quatrième. Ce dernier reste bien portant ; les trois autres périssent avec tous les symptômes de la fièvre jaune et des lésions identiques à celles de l'homme. Le virus provenant du singe respecte donc la peau intacte ; il pénètre à travers les érosions de la surface cutanée et les muqueuses saines. Marchoux avait pratiqué au Brésil des centaines d'autopsies quelques minutes après la mort, sans jamais présenter d'accidents, tout en ayant les mains nues, parfois érodées par les rebords costaux. Il n'avait pas été plus incommodé en saignant les malades, souvent dès le jour de l'explosion, alors même qu'il avait les mains souillées ou le visage éclaboussé de sang ou de liquides organiques. Marchoux conclut que le singe est plus sensible que l'homme.

Cette conclusion ne s'impose pas, attendu que Marchoux a examiné, d'une part la transmission d'homme à homme, d'autre part la transmission de singe à singe. Il manquait la contre-épreuve concernant la transmissibilité du virus simien à l'homme. L'expérimentation était trop dangereuse pour être tentée ; le hasard brutal y suppléa en frappant d'une mort foudroyante, presque simultanée, trois savants qui manipulaient les Macaques à l'abri des moustiques inoculateurs. L'illustre Noguchi succombait à Accra le 21 mai 1928. Les Américains Stokes et Young sont également terrassés par la fièvre jaune provenant du singe. La panique fut telle, que l'on détruisit tous les Macaques expédiés à grands frais pour le service des laboratoires britanniques de l'Ouest-Africain et que le Gouvernement général de l'Afrique occidentale française interdit l'inoculation de la fièvre jaune aux singes susceptibles de constituer des réservoirs de virus. Marchoux avait parlé trop vite ; la désillusion provoqua une réaction encore plus hâtive et sans mesure.

L'homme n'est pas moins sensible que le singe. La vérité est que l'agent de la fièvre jaune exalte sa virulence dans un organisme que rien ne prépare à vivre avec lui.

On sait quelles précautions exige le maniement des Macaques infectés et le danger auquel exposerait leur émancipation. Il n'y aurait pas moins d'inconvénient à les exterminer. Tout sentimentalisme à part, raisonnons froidement. S'ils ont fait des victimes, c'est qu'on ignorait les mesures à prendre pour éviter la contagion du mal que nous leur avions volontairement communiqué. Si les Macaques nous ont nui par notre faute, on commence à en tirer un parti salutaire. Stokes avait recueilli sur le *Macacus rhesus* le virus de la fièvre jaune ou virus amaril. Ce virus est neutralisé par le sérum de l'homme guéri, ce qui confirme sa spécificité. Atténué, le virus vaccine le Macaque ; la preuve en a été fournie, à quelques jours d'intervalle, par Hindle à Londres, par Pettit et Stefanopoulo à Paris.

Pettit, Stefanopoulo et Frasey préparent, à l'Institut Pasteur, un sérum anti-fièvre jaune. Ce sérum peut être fourni par les chevaux ; il exerce chez les Macaques une action préventive et une action curative. Les essais sur l'homme sont encourageants.

* * *

**Fièvre pourprée**. — A l'inverse des parasites du typhus et de la fièvre jaune, le *Rickettsia rickettsii*, agent de la fièvre pourprée des Montagnes Rocheuses, ne filtre pas, selon Spencer et Parker (1924) à travers les bougies Berkefeld N et V. Ce parasite provient d'une tique, Acarien tel que le *Dermacentor venustus*, le *D. andersoni*, l'*Hæmophysalis leporis palustris* ; ce dernier le communique aux lapins sauvages plutôt qu'à l'homme. Spencer et Parker vaccinent le cobaye, puis (1925) le singe et l'homme, avec les parasites des tiques tués par le formol. L'atténuation est aussi obtenue par le froid. Des larves de tiques fournies par des élevages sont nourries sur un lapin contaminé ; les adultes qui en proviennent sont broyés deux jours après qu'ils se sont repus de sang ; le produit du broyage est centrifugé à faible vitesse ; le liquide surnageant est conservé à la glacière où il acquiert des propriétés immunisantes qu'il gardera au moins cinq semaines. Le parasite atténué n'est pas plus filtrant que le virus primitif ; le filtrat ne contient qu'un suc inerte.

* * *

**Scarlatine**. — Le *Rickettsia scarlatinæ* est filtrant. Bernhardt (1911) transmet la scarlatine au singe en inoculant du sang de malade filtré sur bougie Berkefeld. Zlatogoroff, Derkatsch et Nasledyscheva (1926) provoquent, chez le singe et le lapin, au moins une partie des symptômes de la scarlatine, en leur inoculant l'enduit lingual, le sang, les émulsions d'organes des malades ; ils arrivent aussi sûrement au but en leur injectant le filtrat de ces produits sur bougie Berkefeld ou Chamberland.

On avait attribué la scarlatine aux Streptocoques ; mais ces bactéries ne sont pas constantes dans la scarlatine et tous les Streptocoques rencontrès chez les scarlatineux n'appartiennent pas à une seule espèce susceptible de causer une maladie spécifique. Les Streptocoques ne sont pas filtrants comme le *Rickettsia*. La vérité est que, chez beaucoup de scarlatineux, le *Rickettsia* est étroitement associé à un Streptocoque quelconque ou à d'autres bactéries.

Ainsi s'explique ce fait signalé par Zlatogoroff (1928), que le filtrat d'enduit lingual, qui ne saurait contenir de Streptocoques trop gros pour traverser les pores des bougies, rende le sérum des lapins auxquels il a été inoculé, capable d'agglomérer les Streptocoques provenant de scarlatineux, par conséquent chargés de *Rickettsia*.

Gladys-Henry et Georges F. Dick, en Amérique, ont préconisé l'intradermoréaction produite avec des cultures de Streptocoques prélevés sur des scarlatineux pour indiquer la prédisposition si elle est positive, l'immunité si elle est négative. Le même résultat est obtenu par G. Ramon, R. Martin et A. Laffaille (1928) avec le filtrat de ces cultures. Peschle (1925)

avait réussi avec le filtrat du sérum des malades ou de leur urine recueillie
en pleine période fébrile et concentrée, après filtration, par évaporation
à 55-56° Burnet et Bance (1928) obtiennent l'intradermoréaction avec
le filtrat de produits scarlatineux ou de cultures de Streptocoques provenant des malades ; mais le liquide est inactif s'il a été chauffé pendant une
heure à 105°, nouvelle preuve que c'est un animal vivant qui provoque
la réaction.

Dans les cultures de Streptocoques, le *Rickettsia scarlatinæ* se multiplie
en même temps que soń porteur. Son dosage est plus rigoureux que celui
des Streptocoques ; Ramon, Laffaille et Martin (1928) observent la floccu-
lation du filtrat des cultures mis en présence de quantités décroissantes de
sérum spécifique de cheval. Ramon et Debré (1929) obtiennent la floccu-
lation avec une anatoxine comme antigène.

Les Dick se sont abusés sur la valeur indicative de l'intradermoréaction,
Ciuca, Balteanu et Toma, en Roumanie (1928) ne la trouvent pas en rapport avec la prédisposition ou l'immunité. Les Dick avaient beau mélanger
plusieurs souches de Streptocoques provenant de scarlatineux, ils ne sup-
primaient pas les résultats contradictoires. L'intradermoréaction ne peut
apporter aucune aide au diagnostic, car ses variations sont déréglées au
cours de la scarlatine et en dehors de cette maladie. Sa négativation est en
discordance avec les signes d'infection, tels que les séroréactions d'agglomération et de fixation.

Il est facile de démontrer que le *Rickettsia* n'est pas indissolublement uni
aux Streptocoques.

La dissociation, obtenue par filtration, se réalise aussi spontanément.
Matousak (1921), qui produisait des séro-réactions avec les Streptocoques
isolés d'objets humides tels que la vaisselle des malades, obtient des cultures inactives, si la semence provient d'objets secs, tels que le parquet ou
la semelle des chaussures d'infirmiers. De ces expériences on est autorisé
à conclure que les bactéries ont été débarrassées de l'agent spécifique. La
même exclusion des *Rickettsia* s'accomplit parfois au cours des cultures en
série. Les Streptocoques réduits à leurs propres forces, inoculés par les
Dick (1927) sur les amygdales et le pharynx, causent des angines aiguës
ou subaiguës sans éruption, tout comme des Streptocoques hémolytiques
provenant de trois érysipèles de la peau.

On a obtenu l'association expérimentale du *Rickettsia scarlatinæ* avec
des bactéries ne provenant pas de scarlatineux. Cantacuzène et Bonciu
(1926) opèrent sur des Streptocoques ne provenant pas de scarlatineux,
qui n'étaient pas agglomérés par le sérum des convalescents. Ces Streptocoques deviennent agglomérables par un contact de 24 heures avec le
filtrat spécifique. Selon les mêmes auteurs (1927), les Streptocoques étrangers restent insensibles au sérum si, avant l'immersion dans le filtrat, ils
ont été tués par une température de 56°. Les Streptocoques des scarlatineux ne se comportent pas autrement, d'où il ressort que ce n'est pas non
plus chez eux un caractère intrinsèque, congénital, spécifique, mais une

propriété qui leur a été conférée dans l'organisme par l'animal filtrant qui leur est associé.

René Martin et Laffaille (1926) agglomèrent par le sérum des convalescents les Streptocoques étrangers qui ont été cultivés dans l'urine de scarlatineux. Zlatogoroff (1928) atteint le même but en cultivant le *Streptococcus viridans* dans le filtrat d'exsudat buccal de scarlatineux.

Les cultures qui ont acquis la propriété de réagir au sérum la gardent dans une série de repiquages. Zoeller et Meerseman (1927) confirment ces données, nouvelle preuve de la multiplication simultanée de l'agent filtrant et des Streptocoques.

R. Martin et Laffaille (1926) étendent à d'autres bactéries les résultats fournis par les Streptocoques. Cultivés sur filtrat d'exsudat pharyngien ou mieux sur urine, un Staphylocoque est aggloméré à 1 : 1000, un *Bacillus typhosus* à 1 : 1500, un microbe pseudo-diphtérique à 1 : 2000. Cantacuzène et Bonciu (1927) font des essais analogues qu'ils étendent au paratyphoïde A, dont le taux passe de 1 : 10 à 1 : 2000, au *Bacillus coli* dont le taux s'élève seulement à 1 : 200 ; un Méningocoque B demeure indifférent au sérum.

Ces diverses bactéries, de même que les Streptocoques, gardent la propriété conférée par le filtrat, au cours de repiquages successifs sur gélose, avec de faibles oscillations temporaires.

Le véritable agent de la malade est l'animal filtrant que j'ai nommé *Rickettsia scarlatinæ* Vuill. 1928. Il fut décrit d'abord par Cantacuzène (1914) comme un très petit organisme trouvé sur la langue des scarlatineux. Les corpuscules polymorphes sont colorés par l'azur-éosine de Giemsa et diverses couleurs d'aniline ; ils sont retrouvés dans les coupes ou frottis d'organes des malades et des animaux inoculés avec des produits scarlatineux.

Dans le suc de ponction de la rate ou de la moelle osseuse, prélevé à la phase éruptive ou au début de la desquamation, Di Cristina (1921), dans le service de Caronia, à Rome, décèle des corpuscules ovoïdes, bigéminés, entourés d'une auréole claire et se colorant comme ceux de Cantacuzène. Chaque corpuscule mesure 0,2 à 0,4 µ ou beaucoup moins, car le microscope ne laisse rien discerner dans le liquide louche du filtrat sur bougie Berkefeld, qui pourtant fournit des cultures d'éléments distincts.

On obtient aussi des cultures en partant du sang, du liquide céphalorachidien, du mucus filtré provenant du rhino-pharynx. C'est un anaérobie préférant.

Caronia et M^me Sindoni (1923) injectent des cultures de *Rickettsia* à de jeunes lapins ; ces animaux offrent des rougeurs et de la desquamation. Rosen, Kritch, Goilayewa et Skalkina (1927) confirment la desquamation tardive ; l'infection aboutit à une cachexie mortelle ; les parasites se répandent par voie sanguine ; des rétrocultures sont obtenues du sang du cœur. La maladie du lapin est enrayée par injection précoce du sérum de convalescent de scarlatine.

Zlatogoroff (1928) obtint des cultures anaréobies en ensemençant de la gélose au sang humain avec le filtrat non chauffé de mucus buccal ou d'enduit lingual de scarlatineux. Les bactéries avaient été retenues dans les bougies. Ces cultures renferment des granules bigéminés de 0.1 à 0,2 $\mu$, colorés par le procédé de Gram, contrairement aux formes rickettsiennes du *Borrelia couvyi*, traversant la bougie Chamberland L 5, semblables au *Rickettsia* décrit par Di Cristina, Caronia et M^me Sindoni. Ces cultures agissent sur les animaux comme le filtrat.

* * *

Le filtrat de Zlatogoroff fut injecté sous la peau de 628 jeunes enfants sains en vue de les immuniser. On leur faisait quatre injections, les trois premières avec le filtrat chauffé une heure à 60°, la dernière avec le filtrat non chauffé, préparé depuis trois semaines. 36 d'entre eux présentèrent une hyperémie de l'isthme du gosier. Le filtrat possède donc pour la gorge l'affinité connue du virus scarlatineux. A lui seul, le *Rickettsia* produit l'angine spécifique. Il est possible que les Streptocoques l'aggravent, puisque des angines sont leur œuvre propre en dehors de la scarlatine ; mais le fait à retenir est que l'angine scarlatineuse diffère de l'angine streptococcique pure.

Il n'est pas superflu de débuter par l'injection de filtrat chauffé, car Caronia et M^me Sindoni avaient déterminé chez l'homme, tout comme chez le lapin, avec des cultures de *Rickettsia*, plusieurs cas de scarlatine, vérifiés par les réactions d'agglomération et de fixation de l'alexine, aussi marquées que celles que l'on obtient en employant le sang des malades atteints spontanément de scarlatine.

On a plus souvent recours, pour conférer l'immunité, aux cultures mortes de Streptocoques provenant de scarlatineux, par conséquent riches en *Rickettsia*. Ce procédé repose sur le même principe que le précédent ; il est moins direct : mais l'intermédiaire du Streptocoque simplifie la technique.

Les Dick sont les promoteurs des vaccinations à l'aide des Streptocoques. Le mot vaccination est ici détourné de son sens exact : si le but est le même, le moyen diffère. En Amérique, à l'hôpital Garfield, de Washington, Lindsay, Rice et Selinger (1926) ont réussi à préserver tout le personnel infirmier depuis plusieurs années. A Varsovie, d'après Sparrow (1926), 3.385 enfants furent vaccinés ; chez 64,4 %, surtout les plus grands, l'intradermoréaction faiblit. Sparrow et Kaczinski (1927) constatent la scarlatine chez 0,62 % des non vaccinés, chez 0,22 % des vaccinés. Pantchoulidzeff (1927) rapporte qu'en 1925 il a vacciné tous les enfants des écoles de Tobolsk par trois injections à 7-10 jours d'intervalle. Cette mesure diminue sensiblement la morbidité et la mortalité. L'effet préventif dure six mois ; on peut sans inconvénient renouveler les injections avant l'expiration de ce délai. Ramon et Debré (1929) louent l'anatoxine.

* * *

La thérapeutique tire un parti non moins encourageant des découvertes relatives à l'action du *Rickettsia scarlatinæ*.

Schultz et Charlton ont montré que l'exanthème est éteint par l'injection du sérum de convalescents et autres personnes chez qui l'intradermoréaction des Dick est négative. Ciuça, Balteanu et Toma (1928) obtiennent le même résultat avec le sérum de 70 % des malades dont l'intradermoréaction était nettement positive.

La sérothérapie a fait les preuves de son efficacité. On injecte le sérum, soit de convalescents, soit des chevaux immunisés. Isabolinsky et Tschernischoff (1926) préparent ces animaux en leur inoculant dix souches de Streptocoques isolées de cas de scarlatine et deux d'érysipèles, toutes cultivées en bouillon Martin. La dernière addition est inutile, car, d'après Ben Shebetai, de Jérusalem (1927) le sérum antiscarlatineux est sans action sur l'érysipèle, qui est, comme on sait, une pure streptococcose.

Aux Etats-Unis, Gordon, Bernbaum et Sheffield (1928), préfèrent au sérum de convalescent le sérum de cheval, aussi efficace et n'exposant pas aux accidents sériques. Le sérum antiscarlatineux est distribué en France par l'Institut Pasteur.

Ritossa (1926) avait injecté à des lapins et à des cobayes un liquide isolé des cultures de *Rickettsia scarlatinæ*. Une intoxication aiguë tue un jeune lapin de 650 gr. qui avait reçu dans les veines 2 cc. de ce liquide et un cobaye de 150 gr. qui en avait reçu 1 cc. dans le péritoine. Après élimination du liquide par centrifugation, l'inoculation du dépôt parasitaire ne cause pas d'intoxication ; le milieu non ensemencé est inoffensif.

Nous attribuons à ce poison excrété par le *Rickettsia* des accidents hypertoxiques signalés chez certains hommes atteints de scarlatine. C'est dans ces formes toxiques graves qu'Isabolinsky et Tschernischoff obtinrent les résultats les plus manifestes en injectant, au plus tard le quatrième jour de la maladie, 30-100 cc. de sérum de cheval. Castex et Gonzales (1927), en Argentine, injectent, trois ou quatre jours de suite, 20-40 cc. de sérum antiscarlatineux dans les muscles ou, en cas de toxémie intense, dans les veines de 250 scarlatineux ; la durée de la maladie et de la convalescence est abrégée ; les complications précoces sont rares. La diphtérie, la rougeole concomitantes, non la grippe, rendent la sérothérapie inefficace. Ciuca, Cracianescu et Bahov (1928) réduisent de plus des trois quarts la mortalité des formes hypertoxiques en injectant de bonne heure du sérum de convalescent prélevé du trentième au quarantième jour de la scarlatine Le sérum est sans action sur les complications streptococciques.

Nobécourt, R. Martin et Bize (1928) attribuent avec raison à des infections secondaires l'apparition tardive d'otites, arthrites, adénophlegmons, abcès sériques, contenant des Streptocoques hémolytiques, qui ne sont pas rares dans d'autres maladies. Le sérum spécifique n'exerce aucune influence sur ces accidents. La plupart des Streptocoques isolés de ces lésions ne sont pas agglomérés au taux minimum, parce qu'ils ne sont pas associés au *Rickettsia*.

Somme toute, le *Rickettsia scarlatinæ* est l'agent spécifique nécessairement unique. Les Streptocoques n'ont paru causer la scarlatine que parce qu'ils sont souvent les colporteurs du Protozoaire filtrant.

* * *

**Rhumatisme.** — Dans le rhumatisme articulaire aigu, Sindoni et Vitetti (1924) découvrent un *Rickettsia* filtrant sur bougies Berkefeld et Chamberland L 9 et L 11. Des cultures anaérobies sont ensemencées avec du sang, de l'exsudat articulaire, avec le filtrat de liquide céphalo-rachidien, d'urine, de mucus naso-pharyngien des malades. On trouve des corpuscules mesurant 0,3-0,4 µ, à peu près ronds, souvent géminés, cernés d'une auréole claire, colorables en bleu par les réactifs de Giemsa et de Leishman, restant colorés par le procédé de Gram ; les cultures sont agglomérées par le sérum des malades non traités au salicylate ; elles donnent la réaction de fixation.

On a inoculé dans les veines de lapins ces cultures ou les liquides humains qui les fournissent. Ces animaux ont présenté une élévation thermique (40°), de l'amaigrissement, parfois de l'œdème. Leur sérum acquiert, comme le sérum de l'homme atteint de rhumatisme articulaire aigu, la capacité de fournir les réactions spécifiques. De nouvelles cultures sont obtenues en partant du sang de ces lapins.

D'autre part, Birkoug (1927) isole, dans des cas de rhumatisme articulaire aigu, 400 souches de Streptocoques. La plus fréquente se distingue des Streptocoques décrits ; elle n'est pas hémolytique ; elle attaque l'inuline ; la bile ne l'altère point. On en extrait une toxine qui produit une intradermoréaction chez 67 à 85 % des sujets atteints de rhumatisme articulaire aigu et, suivant l'âge, chez 11 à 18 % des sujets sains. Inoculé sous la peau ou dans les veines du lapin, cette bactérie détermine une polyarthrite, une endo-myo-épicardite avec tendance à la sténose mitrale. La toxine injectée à l'homme entraîne une polyarthrite facile à guérir.

Nous serions portés à opposer la thèse anglaise à la thèse italienne, si nous ne savions qu'une semblable contradiction n'est qu'apparente dans le cas de la scarlatine. C'est probablement le *Rickettsia* associé aux Streptocoques qui produit la toxine isolée des cultures de Streptocoques provenant des rhumatisants.

Certains auteurs vont plus loin en imputant le rhumatisme au même agent que la scarlatine. Ils se fondent sur l'action exercée par le sérum antiscarlatineux sur le rhumatisme articulaire aigu. Toogoot à Londres (1926) J. H. Barrach en Amérique (1927), dans des cas extrêmement graves d'endocardite rhumatismale, constatent l'effet énergique d'un sérum antiscarlatineux, non du sérum antistreptococcique ordinaire. Ces résultats portent à penser que le *Rickettsia scarlatinæ*, par une localisation insolite, provoque des accidents rhumatismaux.

Ce n'est pas une raison suffisante pour contester l'existence d'un rhumatisme articulaire essentiel causé par un parasite du même genre.

** **

**Rougeole.** — On a émis des vues contradictoires sur l'agent de la rougeole ; il me paraît établi que c'est encore un *Rickettsia* comme dans d'autres maladies éruptives, telles que la scarlatine, la fièvre pourprée, le typhus.

Les épidémies de rougeole s'étendent avec la rapidité du choléra sans en revêtir l'allure tragique ; c'est ce qui fit opposer le diminutif *morbillus*, petite maladie, à la maladie fatale qu'est le choléra *morbus*.

Les récidives sont moins rares que dans la plupart des maladies infectieuses ; elles sont en général bénignes ou frustes, tandis que la première atteinte entraîne parfois de graves complications, surtout en milieu hospitalier.

Comme les enfants n'échappent guère à la rougeole, on a songé d'abord à prendre les devants en exposant les enfants à la contagion dans des conditions choisies de saison et de bénignité de l'épidémie ; le risque est négligeable, pourvu que l'enfant soit surveillé et soigné.

La morbillisation, inspirée par la pratique de la variolisation qui devança la vaccination, trouve un précurseur au xviiie siècle. Home (1756) donne une rougeole bénigne en injectant dans la peau du sang de malade. Ch. Nicolle et Conseil (1919) inoculent aux enfants du sang de rougeoleux ou de singe contaminé, dosé et modifié par la chaleur ou autrement ; ils obtiennent une rougeole légère sans complication. Ils ne voient toutefois (1923), dans l'inoculation du sang complet, citraté ou non, qu'un pis-aller, réservé aux cas urgents. Atria (1925), au Chili, arrive au même résultat en injectant sous la peau quelques gouttes de sang d'un malade ; il se loue de cette pratique appliquée à ses six enfants.

Ces succès empiriques démontrent la présence dans le sang, de l'agent de la rougeole. Degkwitz (1927) provoque une rougeole bénigne en injectant dans le derme le filtrat du sang sur bougie Berkefeld. Cette expérience établit que l'agent est filtrant.

Quel est cet agent ? Les bactéries furent incriminées à la fin du xixe siècle ; mais de vagues observations ne valent pas une preuve. Ruth Tunnicliff tente d'en fournir au sujet d'un Streptocoque qu'elle nommait *Diplococcus viridans*. Chaque grain rond mesure 0,4 à 0,6 $\mu$ ; il est coloré par le procédé de Gram ; il traverse les pores des bougies ; R. Tunnicliff a isolé le *Streptococcus viridans* de la gorge, du nez, des yeux ; elle l'isola d'abord du sang des morbilleux pendant la période d'incubation et la période éruptive ; les premières cultures réussirent à l'abri de l'air ; les suivantes sont indifféremment anaérobies ou aérobies.

L'inoculation des cultures provoque chez le lapin une maladie ressemblant à la rougeole par l'hyperthermie et l'éruption généralisée. Cary et Day (1927) arrivent au même résultat. La nature infectieuse de la maladie expérimentale du lapin ressort d'une expérience de R. Tunnicliff et Hoyne (1926). Une chèvre avait été inoculée à plusieurs reprises avec le *Str. viridans*. L'injection de son sérum rend le lapin réfractaire.

Selon les apparences, le *Str. viridans* a conféré la rougeole. Ses congénères donnaient de même la scarlatine ; mais, rappelons-le, c'était en introduisant le *Rickettsia scarlatinæ*. Le *Str. viridans* lui-même, d'après l'expérience précitée de Zlatogoroff, est aggloméré par le sérum de convalescent de scarlatine, quand il a été cultivé dans un filtrat contenant les *Rickettsia* spécifiques.

La rougeole, nous le verrons sous peu, a pour agent un *Rickettsia*, sûrement filtrant, bien qu'il atteigne communément les dimensions du Streptocoque. Il est à présumer que R. Tunnicliff n'a pas distingué le Protozoaire de la bactérie ou les a inoculés ensemble.

Le *Str. viridans* est fréquent chez l'homme en dehors de la rougeole ; il ne trouble pas la santé.

Pour un temps, la vogue des Spirochétidés les fit rechercher avec ardeur dans les cas où les bactéries donnaient des mécomptes. Le champ était libre dans la rougeole. Salimbeni et Kermorgant (1923) aperçurent dans le sang des morbilleux, seulement pendant la période d'ascension thermique précédant l'éruption ou l'accompagnant quelques heures, puis d'une façon éphémère dans l'urine puisée à la sonde au moment de la défervescence, des fils onduleux dont la petitesse ne permit pas d'apprécier la structure. Les cultures ne fournirent que des éléments globuleux. Les prétendus Spirochétidés à structure problématique étaient vraisemblablement des fils muqueux, de même que dans les vieilles descriptions de Dœhle (1892), de Pfeiffer (1893), qui déjà soupçonnaient un Protozoaire comme agent de la rougeole.

Caronia obtient du sang, des cultures d'une forme rickettsienne. Sindoni et Ritossa (1925) précisent ; ils isolent, du sang, des grains ronds, de même taille que le *Streptococcus viridans*, filtrants comme lui, mais se comportant autrement vis-à-vis des réactifs ; insensibles au procédé de Gram, ils sont colorés en rose-violet brillant par l'azur-éosine de Giemsa. Sindoni et Ritossa les multiplient en hémoculture. Guardabassi (1927) extrait des grains semblables, de 0,4 à 0,6 μ, du sang, des filtrats d'urine ou d'exsudats naso-pharyngiens des morbilleux ; il les cultive en bouillon additionné de liquide d'ascite sous une couche d'huile de vaseline rendant le milieu anaérobie. Les cultures sont propagées par repiquage.

Les cultures jeunes sont agglomérées au taux de 1 : 2000 par le sérum des sujets guéris. L'inoculation au cobaye reproduit les lésions des capillaires connues dans la rougeole.

On n'a pas tardé à utiliser les cultures de *Rickettsia* pour immuniser contre la rougeole. R. Tunnicliff et Hoyne avaient injecté à des enfants exposés à la contagion le sérum d'une chèvre immunisée contre le *Strep-tococcus viridans*. Il leur semble que ce sérum exerce une action protectrice. Cette vague impression contraste avec la netteté des résultats fournis par le Protozoaire. Avec les cultures de Caronia phéniquées à 0,5 %, Ricciardi (1925) coupe une épidémie d'hôpital et atténue la rougeole en incubation chez quatre enfants ; il faisait quatre injections de 2 cc. de deux en deux jours. Di Cristina et Caronia, puis Sindoni (1925) obtiennent un vaccin en faisant agir le sérum de convalescent sur les cultures, qui sont lysées ; on l'injecte sous la peau ou dans une veine. Emanuele (1926) administre le vaccin de Sindoni à 45 enfants en plein foyer épidémique. Sur 250 témoins non vaccinés, on releva 16 cas sérieux ; comme les deux tiers avaient eu la rougeole, le taux de la morbidité se chiffre par 19 %. Sur 45 vaccinés, 4 seulement, moins de 9 %, eurent une rougeole extrêmement bénigne. Encore faut il noter qu'elle éclata du huitième au onzième jour après le début des inoculations encore incomplètes, d'où il résulte que la vaccination atténua la maladie déjà en incubation. Ces résultats confirment la spécificité du *Rickettsia*.

Ch. Nicolle et Conseil emploient un procédé plus expéditif, toujours à la portée du praticien. A la suite de leurs mémorables recherches sur l'immunité passive conférée par le sérum de convalescents de typhus aux sujets vivant en milieu épidémique, encore indemnes ou déjà en période d'incubation, ils avaient aussitôt appliqué le sérum des convalescents de rougeole à la prévention de cette maladie et cette méthode s'est généralisée. Le sérum est prélevé du sixième au dixième jour de l'apyrexie à l'aide d'aiguilles vaselinées qui permettent une récolte plus abondante de sang. Le sérum garde ses propriétés préventives deux ans au moins à la glacière. On n'injecte pas moins de 10 cc. d'un mélange de plusieurs sérums, parce que tous ne sont pas également actifs.

L'immunité passive, ne durant que quelques semaines protège l'enfant contre un danger imminent de contagion familiale ou hospitalière. Nicolle et Conseil la complètent (1923) par l'immunisation active en inoculant 1 cc. de sang de morbilleux 24 heures après le sérum. Ils prévoient la répétition de cette pratique pour rendre l'immunité définitive.

L'action pathogène des cultures de *Rickettsia* sur le lapin et mieux encore la production d'anticorps conférant au sérum la capacité d'agglomérer les cultures et de prémunir les enfants contre la rougeole concordent à établir que ce Protozoaire filtrant est l'agent spécifique de la maladie. Nous le nommons *Rickettsia morbillosa*. Ses caractères ont été indiqués plus haut.

* * *

**Influenza**. — Depuis longtemps on cherche le microbe de l'influenza ou grippe infectieuse dans les sécrétions rhinopharyngées des malades. On avait réussi à donner au lapin l'influenza en lui injectant dans la trachée l'exsudat prélevé au début de la maladie. Les bactéries fourmillant dans le produit pathologique, les bactériologistes avaient l'embarras du choix. Ecartant le Pneumocoque et les bactéries banales qui lui ressemblent, ils réunirent leurs suffrages sur le *Pasteurella influentiæ* (coccobacille de Pfeiffer, coccobacille hémophile de Rosenthal).

Ce favori n'a pas encore perdu son prestige. Pourtant Pfeiffer lui-même, qui l'avait découvert en 1890 dans la grippe, émettait, dès l'année suivante, des doutes sur son action spécifique, parce qu'il ne le trouvait pas dans tous les cas de cette maladie. Le coccobacille de Pfeiffer n'est pas non plus spécial à la grippe ; c'est un commensal inoffensif.

L'agent de l'influenza est tout différent. Il fut découvert par Olitzki et Gates qui le nomment en 1921 *Bacterium pneumosinthes*. Le nom générique est seul à critiquer ; d'après la description des auteurs de l'espèce, nous allons voir que c'est, non une bactérie, mais un Protozoaire filtrant auquel convient le nom de *Rickettsia pneumosinthes*.

Olitzki et Gates donnent l'influenza au lapin en lui injectant dans la trachée, non pas l'exsudat complet du rhinopharynx comme l'avaient fait leurs devanciers, mais le filtrat de ces sécrétions sur bougies Berkefeld V et N qui retiennent toutes les bactéries commensales.

A l'ultramicroscope, le filtrat ne présente que de fines granulations agitées de mouvement brownien, sans que rien n'indique une motilité propre. Le filtrat contient pourtant des plastides vivantes qui se multiplient en culture anaérobie. Pour obtenir ces cultures, on utilise du liquide d'ascite protégé du contact de l'air par une couche de vaseline ; un fragment de rein de lapin, plongé dans le liquide, fixe l'oxygène. Ce milieu sans air est ensemencé avec du filtrat de sécrétion rhinopharyngée, prélevée dans les 24 premières heures de l'influenza, ou avec du tissu pulmonaire de lapin inoculé ou avec le filtrat de ce tissu broyé.

La culture inodore a l'aspect d'un trouble nuageux, partant du contact du tissu frais, d'où elle s'élève peu à peu ; finalement la culture se dépose, tandis que le liquide s'éclaircit. Comme contre-épreuve, aucun trouble ni dépôt n'apparaît dans le même milieu, si le tube n'a pas été ensemencé ou s'il l'a été avec des filtrats de mucosités nasopharyngées de sujets atteints de coryza aigu non grippal ou avec le poumon de lapins souffrant d'affections respiratoires autres que l'influenza expérimentale.

Le *Rickettsia pneumosinthes* isolé des cultures se présente sous forme de corpuscules oblongs, de 0,15 à 0,3 μ, séparés ou réunis en chaîne de deux à quatre éléments, colorés en rouge foncé par le bleu alcalin bien mûr de Löffler. Le mélange de Giemsa n'avait pas donné satisfaction à Olitzki et Gates. Des précautions spéciales ont permis à M. H. Gordon (1922) d'en tirer un bon parti. Le liquide trouble contenant les parasites est fixé par l'alcool méthylique pendant 24 heures, puis soumis, encore 24 heures, à l'action du colorant dilué à 5 %. La différenciation se fait à l'aide d'un mélange à parties égales d'acétone et de xylol. Les corpuscules sont colorés en pourpre, quelques-uns en rouge. Ce sont là des caractères distinguant les Protozoaires des bactéries.

Le sang des malades acquiert la propriété d'agglomérer les cultures de *Rickettsia pneumosinthes*. Le sérum des convalescents la garde jusqu'à dix mois après la guérison ; au bout de deux ans, il s'est montré inactif. Cette réaction, toutefois, n'est pas démonstrative, car Gates (1926), faisant la contre-épreuve, obtint des résultats positifs avec des sérums de sujets non grippés.

La maladie expérimentale apporte une preuve plus décisive. S. Lister (1922) pulvérise, dans la gorge et le nez de six volontaires, 1,5 cc. de culture de *Rickettsia pneumosinthes* ; l'un d'eux présente, au bout de 19 heures, une atteinte typique d'influenza sans complication. Les *Rickettsia* sont décelés dans son mucus nasal ; on n'a pas établi que le parasite soit intracellulaire. Des rétrocultures furent obtenues avec les sécrétions de la maladie expérimentale de l'homme comme du lapin.

Ayant vacciné antérieurement des lapins, Olitzki et Gates (1923) vaccinent l'homme avec des cultures chauffées. Trois ou quatre injections préventives à cinq-huit jours d'intervalle sont faites à treize volontaires. La réaction locale est faible et fugace ; la réaction générale consiste en céphalée, douleur musculaire, dépression légère n'empêchant point le patient de vaquer à ses occupations. Le sang devient capable d'agglomérer les cultures.

Les échecs de Garrod (1928) ne peuvent être mis en balance avec de si multiples preuves positives.

## Rickettsidés probables

On a de sérieuses raisons de soupçonner les Rickettsidés de renfermer les agents de la fièvre aphteuse, de l'anémie pernicieuse des Equidés, de la maladie des jeunes chiens, bien qu'on n'ait pas jusqu'à ce jour discerné de parasites dans ces infections épizootiques. Je ne m'occupe, en principe, que des animaux causant des infections humaines ; mais les parasites ne s'en tiennent pas toujours à un hôte préféré ou à un groupe circonscrit. On a déjà enregistré des cas de transmission à l'homme des deux premières maladies précitées et pour les parasites communs à l'homme et au bétail, la médecine humaine tire le plus grand profit des découvertes dues aux vétérinaires.

On n'a pas vu l'agent de la fièvre aphteuse qui se transmet avec une effrayante rapidité entre Ruminants. Il n'en est pas moins certain que c'est un être vivant, car le virus est stérilisé en deux minutes à 60°, qu'il est très petit, car il filtre à travers les bougies Berkefeld et Chamberland L1 à L5. C'est un Protozoaire traversant activement les ultrafiltres les plus minces de Bechold, non les sacs de collodion, Panisset (1928) se demande si ce n'est pas un contage liquide ou très plastique ; il est plastique comme les colloïdes ; il est de plus capable de se déformer activement ; autrement il ne pénétrerait pas dans une membrane imperméable également colloïdale ; il se collerait à la surface.

Le porc s'infeste aisément ; le chien plus rarement. Je ne m'arrêterai pas à des cas discutables de transmission à l'homme ; le suivant offre les garanties désirables. Le vétérinaire Berbain (1926) relate sa propre observation. Il s'était blessé avec l'instrument dont il se servait pour amincir un onglon de Bovidé malade ; la plaie s'entoura d'aphtes dont le contenu inocula la fièvre aphteuse à deux porcelets. Perroncito employait le sang des animaux guéris comme moyen préventif. Vallée perfectionna ce procédé d'immunisation passive qui démontre la formation d'anticorps, témoins de l'infection, de même que la sérothérapie, employée avec succès par Wagmann, à Berlin.

L'anémie pernicieuse des Equidés fut aussi transmise à un vétérinaire (Peters, 1924). La sérothérapie à haute dose est efficace ; on emploie le sérum des chevaux guéris. Le virus est détruit en une heure par le phénol à 2 %, d'après le rapport d'une commission japonaise. En Allemagne, Balks (1924) donne les résultats de l'emploi du phénol à 0,5 % ; la destruction du virus est assurée en 90 jours selon Fröhner et Bierbaum, en 8 semaines selon Joseph. Le parasite est filtrant.

Inconnue chez l'homme, la maladie des jeunes chiens est causée par un autre Protozoaire filtrant, dont l'existence est mise en lumière par les patientes recherches de Carré, à Alfort. Il se conserve plus d'un an dans le sang congelé, maintenu à une température de — 10 à — 14°. La maladie est transmise par contagion ou inoculation. Le virus n'ayant pu être discerné ni multiplié par culture, Ch. Lebailly (1927) prépare un vaccin conférant l'immunité active en traitant par le formol une émulsion de rate prélevée sur un chien sacrifié au moment de l'acmé de la maladie, soit au troisième ou quatrième jour. L'émulsion préservatrice est utilisable au bout de deux jours et se conserve plusieurs mois à la glacière.

Le virus propre de la maladie des jeunes chiens ne détermine que quelques symptômes fébriles accompagnés d'inappétence, d'enchiffrènement, de larmoiement. Toute la gravité relève d'infections secondaires du poumon et de l'intestin.

* * *

La filtrabilité est sans rapport avec l'infectiosité, indépendante des dimensions des parasites dont les produits provoquent l'infection. Son intérêt est d'un autre ordre. La filtration indique un ordre très faible de grandeur au-dessous duquel descendent les éléments de certains parasites sans cesser d'être vivants et capables de se multiplier.

Elle permet de séparer des agents infectieux de commensaux redoutés sans raison.

L'étiologie doit tenir compte des facilités de dissémination de ces germes subtils.

Au surplus, les Protozoaires filtrants ne sont pas dénués de la faculté d'employer leur activité à forcer les membranes et les tissus qu'ils rencontrent chez leur hôte. A ce titre, nous les retrouverons au chapitre suivant.

# CHAPITRE VII

## PROTOZOAIRES PÉNÉTRANT
## DANS LES PLASTIDES

Les Flagellates dérivés s'observent fréquemment à l'intérieur des éléments anatomiques de leur hôte. Si ces éléments sont des cellules amiboïdes, telles que les leucocytes, capables d'englober des particules inertes, ils utilisent la même activité pour s'incorporer des parasites moins agiles ou moins robustes, tels que des bactéries et des Protozoaires sans résistance. Cet englobement est le premier acte de la phagocytose de Metchnikoff ; mais l'acte essentiel ou digestion des corpuscules inclus ne suit pas nécessairement ; le parasite englobé peut vivre aux dépens de la cellule hospitalière ou tout au moins se laisser charrier jusqu'à ce que le leucocyte le rejette, comme il l'avait happé, par ses contractions.

Au lieu d'être passif comme dans le cas précédent, le parasite s'introduit par son activité dans des plastides qui sont peu ou point contractiles. Tel est, en première ligne, le cas des Protozoaires intraglobulaires, qui pénètrent de vive force dans les hématies ou globules rouges du sang.

### Trypanosomiens

Nous en relevons des exemples chez les Trypanosomiens. A l'inverse du *Leishmania tropica*, le *L. donovani* pénètre activement dans les hématies, les hématoblastes de la rate, les cellules endothéliales (fig. 40) ; ce sont seulement les éléments altérés par les parasites qui sont repris avec eux par les leucocytes. En culture, le *L. donovani* revient au type *Leptomonas* (fig. 41).

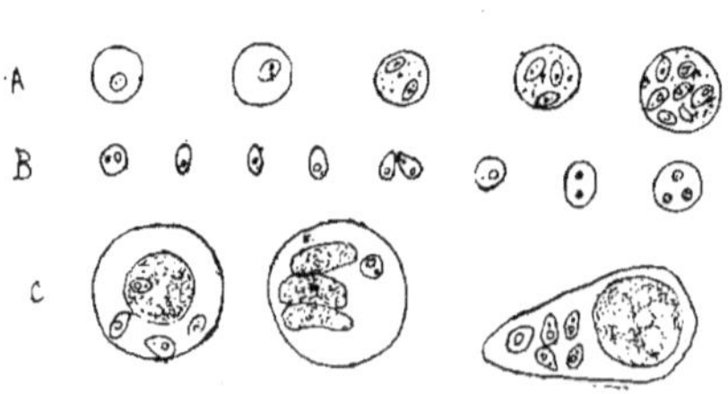

Fig. 40. — *Leishmania donovani*. A, ayant pénétré dans les hématies ; B, libre ; C, repris par les leucocytes. D'après Laveran et Mesnil.

Les *Trypanosoma* présentent une phase intracellulaire. Chagas (1909) en fit la découverte chez le *Tr. cruzi* qui cause au Brésil la maladie de Chagas, caractérisée par un énorme gonflement de la rate ; ce symptôme lui vaut le nom populaire d'opilaçào, l'inverse de la désopilation de la rate, dont on ne parle guère sans rire. Le tatou, hôte naturel du *Tr. cruzi*, la souris, facile à contaminer, fournirent d'abondants matériaux d'étude. Les plastides musculaires sont fréquemment envahies. Crowell (1923) trouva les parasites jusque dans le myocarde du tatou. Nichés dans les cellules

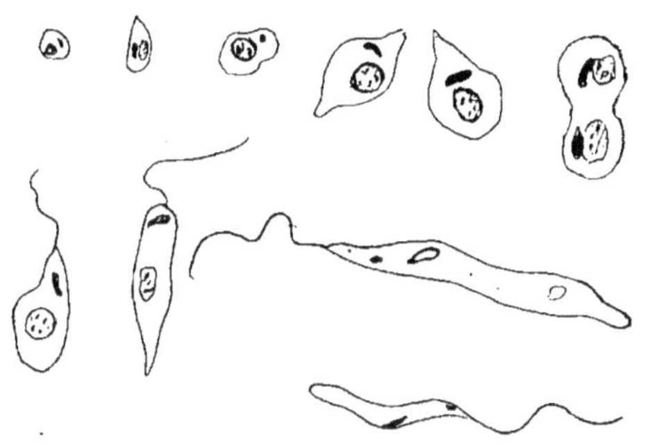

Fig. 41.—*Leishmania donovani* en culture. Retour au *Leptomonas.* D'après Leishman et Statham.

(fig. 42), les mérozoïtes s'immobilisent et se divisent rapidement ; ils répondent au type grégarine différant si fort du type trypanosome agile

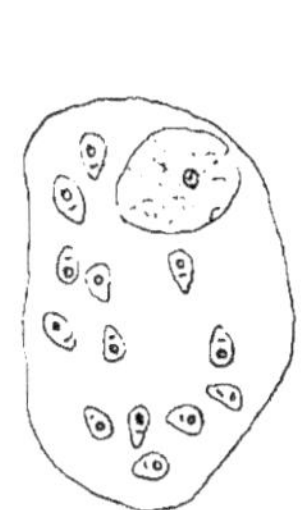

Fig. 42. — *Trypanosoma cruzi*. Formes grégariniennes multipliées dans une cellule endothéliale hypertrophiée du poumon de cobaye. D'après Hartmann.

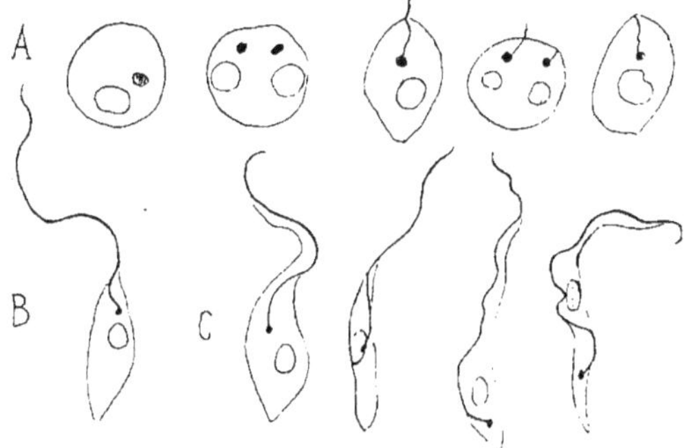

Fig. 43. — *Trypanosoma cruzi* dans le tube digestif d'un *Triatoma* (Hémiptère). A, type grégarine dans l'estomac ; B, type *Leptomonas* dans l'intestin moyen; C, passage au type trypanosome dans l'intestin postérieur. Figure composée d'après les documents de Brumpt.

que l'on observait d'habitude dans le sang ou autres humeurs, que Chagas se crut en présence d'un genre nouveau qu'il nommait *Schizotrypanum*. Ce genre ne put être maintenu en présence de la découverte d'un stade grégarinien intracellulaire chez les *Trypanosoma* les plus authentiques. Chez les Hémiptères inoculateurs, le parasite offre tous les intermédiaires entre les types grégarine et trypanosome (fig. 43).

A la suite de l'inoculation, on ne décèle aucun Trypanosome circulant ; rien n'est révélé par l'examen d'une goutte de sang ; tous les parasites se sont abrités et, dans leurs retranchements, ils pullulent sous le masque grégarinien. Au bout de 4-5 jours, toutes les grégarines d'une cellule passent simultanément au type trypanosome (fig. 44) et, sous cette nouvelle forme agile, émigrent en masse dans le sang. Les Trypanosomes grandissent rapidement ; huit jours après l'inoculation, ils ont tous atteint leur taille définitive ; mais ils ne se divisent pas tant qu'ils s'agitent.

Il est probable que beaucoup vont se retremper dans une retraite intracellulaire. Quoi qu'il en soit, le sang est continuellement ravitaillé par l'afflux de nouveaux mérozoïtes issus de partition intracellulaire. Les renforts récents se reconnaissent, comme il vient d'être dit, à des formes incomplétement développées ; on y voit aussi des intermédiaires, tels que la forme crithidienne ; cette période transitoire s'accompagne d'une exacerbation des symptômes attribuée par Reichenow (1921) à une virulence accrue. Ne suffit-il pas d'invoquer l'arrivée des recrues dont la grande activité se révèle par la croissance rapide ? On peut songer aussi aux poisons déversés par les cellules détruites.

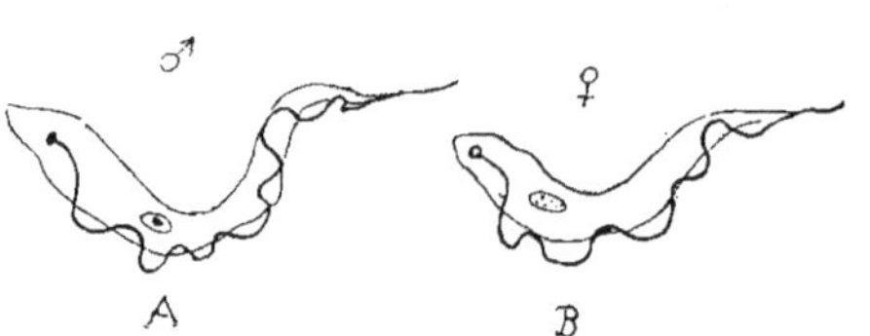


Fig. 44. — *Trypanosoma cruzi* dans le sang humain.
A, mâle ; B, femelle.

Je suis porté à rattacher aux Trypanosomes le *Toxoplasma cuniculi* que Levaditi et Mlle Schœn (1928) ont trouvé dans les cellules nerveuses d'un lapin inoculé.

## Sporozoaires

1. **Hémosporidies**. — Parmi les Sporozoaires, les Hémosporidies du genre *Laverania* sont considérées comme le type des Hématozoaires. Le paludisme fut longtemps attribué à un miasme émané des marais et transporté par l'air (*malaria*). On sait à présent que l'agent spécifique est un parasite hétéroxène, puisé dans le sang d'un malade par un moustique du genre *Anopheles* qui assure sa reproduction, puis inocule dans le sang d'autres hommes les mérozoïtes de la nouvelle génération. Le miasme a pris corps

dans le Protozoaire inoculé par un Insecte venu des marais à travers les airs.

Prenons comme exemple le *Laverania vivax*, agent de la fièvre tierce.

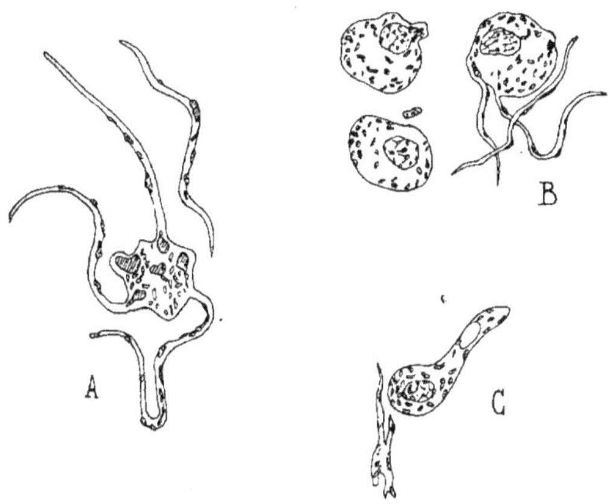

Fig. 45. — *Laverania vivax*. Dans l'estomac du moustique ; A, formation des spermatozoïdes ; B, cellule femelle émettant un globule polaire et fécondation ; C, Oocinète débarrassé des spermatozoïdes superflus. D'après Schaudinn.

Chez le moustique, la fécondation s'effectue dans l'estomac (fig. 45) ; le zygote mobile est un oocinète allongé, puis arrondi (fig. 46) qui s'applique à la paroi stomacale ; sans émettre de pseudopodes, l'oocinète se contracte avec assez d'énergie pour s'insinuer entre les cellules de la membrane épithéliale qu'il franchit. Arrêté par le réseau de fibres conjonctives qui soutient l'épithélium et surtout par les muscles entremêlés à ce réseau élastique, l'oocinète est enveloppé par une membrane conjonctive adventice ; il épaissit sa propre membrane et devient un sporocyste. Le sporocyste grandit

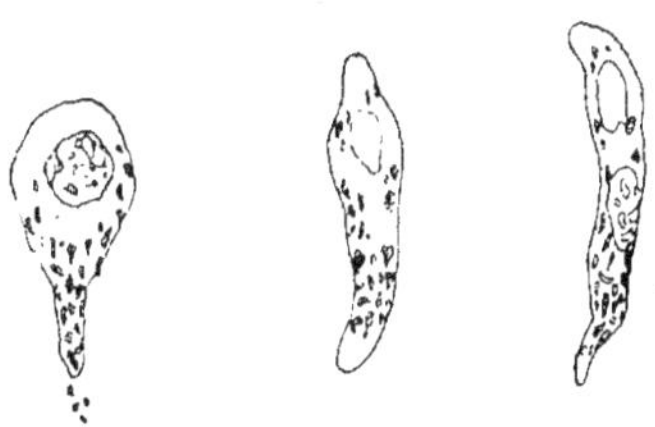

Fig. 46. — *Laverania vivax*. Oocinètes. D'après Schaudinn.

rapidement, tandis que des bipartitions répétées de son contenu aboutissent à la production d'innombrables filaments flexibles et contractiles, qui atteindront $14 \times 1\,\mu$ après leur libération (fig. 47, B). Le résidu inemployé forme des reliquats qui, gonflés par les liquides pénétrant à travers la membrane, finissent par vaincre la résistance du kyste et le faire éclater. Les filaments libérés jouent le rôle disséminateur de spores ; c'est pourquoi on les nomme sporozoïtes ; ils se répandent dans la cavité générale et pénètrent activement dans diverses cellules, notamment les glandes salivaires plongées dans cette cavité (fig. 48, A). Ils ne s'y fixent pas ; la fonte des cellules sécrétrices les entraîne avec la salive venimeuse vers la trompe (fig. 48, B).

Introduits dans le sang humain par une piqûre d'*Anopheles*, les sporozoïtes s'introduisent dans les hématies, grâce à leurs mouvements vermiculaires (fig. 49). Dans l'hématie, le sporozoïte se gonfle et devient la cellule-mère d'un cycle de partitions intraglobulaires donnant de 5 à 15, le plus souvent 7 à 12 mérozoïtes oviformes (fig. 50). Ceux-ci,

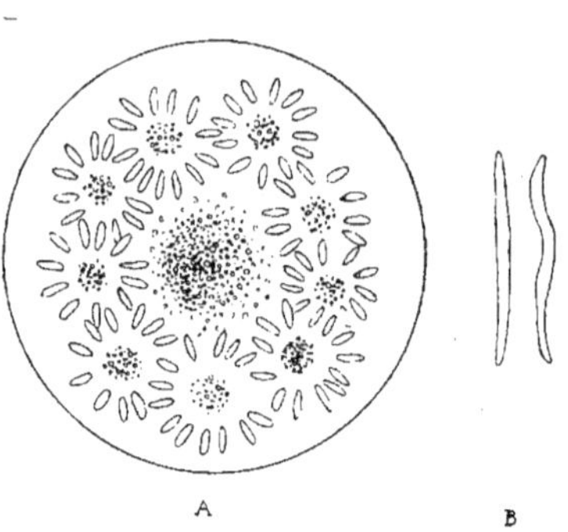

Fig. 47. — *Laverania vivax*. A, sporocyste, coupe médiane schématisée ; B, sporozoïtes. D'après Schaudinn.

échappés du globule épuisé, se répandent dans le plasma et pénètrent dans de nouvelles hématies, où ils répètent des cycles semblables au cycle initial

Fig. 48. — *Laverania falcipara*. A, sporozoïtes pénétrant dans une glande salivaire ; B, sporozoïtes déversés dans le canal excréteur. D'après Grassi.

partant du sporozoïte. Libérés à leur tour, ils renouvellent indéfiniment le même manège.

Un mérozoïte banal pénètre moins aisément qu'un sporozoïte dans une hématie ; ses mouvements amiboïdes sont moins ordonnés, moins vigoureux que les mouvements vermiculaires du précédent ; il reste quelque temps accolé à la surface du globule ; il s'y aplatit en forme de soucoupe ou épouse les contours crénelés des hématies déformées. En décapant les globules par un réactif qui dissout la lécithine contenue dans l'enduit lipoïde qui les revêt, Lange et Roskott (1925), aux Indes néerlandaises, enlèvent en même temps les hématozoaires adhérents à la surface, sans gêner ceux qui sont logés à l'intérieur. Les globules centrifugés n'offrent pas trace d'hémolyse ; le liquide de lavage ne contient pas d'hémoglobine ; les parasites superficiels n'ont donc pas encore altéré l'hématie.

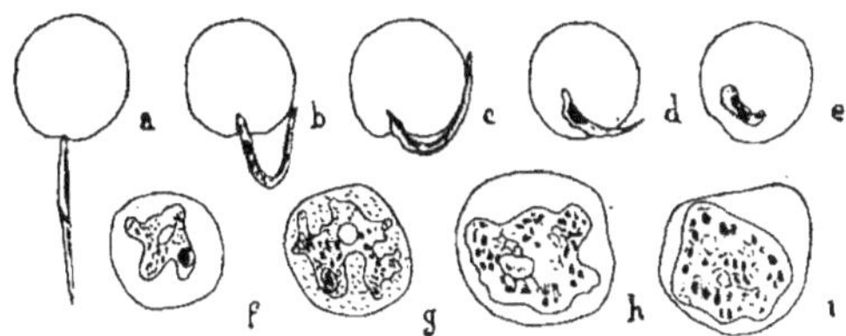

Fig. 49. — *Laverania vivax*. Pénétration du sporozoïte dans l'hématie (*a-e*) où il devient amiboïde (*f-i*). D'après Schaudinn.

Dans la règle, de nombreuses hématies sont envahies en même temps dès que la période d'incubation est achevée, ainsi que l'explosion déréglée qui termine le premier temps du paludisme ; on est alors entré dans le second temps caractérisé par la fièvre intermittente. Aucun trouble n'apparaît tant que les parasites restent confinés dans les globules, bien qu'ils en altèrent profondément la constitution physico-chimique. L'accès de fièvre suit de près la débâcle qui répand dans le plasma, avec les mérozoïtes, les débris altérés des hématies simultanément éclatées. L'état colloïdal de l'hémoglobine a été altéré par la nutrition des parasites intraglobulaires. Les anticorps ferriques, témoins de l'infection, amènent la floculation du sérum en présence d'antigènes ferriques (X. Henry, 1927). La durée du cycle intraglobulaire du *L. vivax* est d'environ 48 heures, ainsi qu'on l'a constaté au microscope en examinant sur platine chauffante une goutte de sang d'un paludéen. Dans le sang circulant, le parasite met au pas son activité avec celle de son hôte, réglée sur l'alternance des jours et des nuits ; il en résulte que les cycles durent un nombre exact de jours et que les

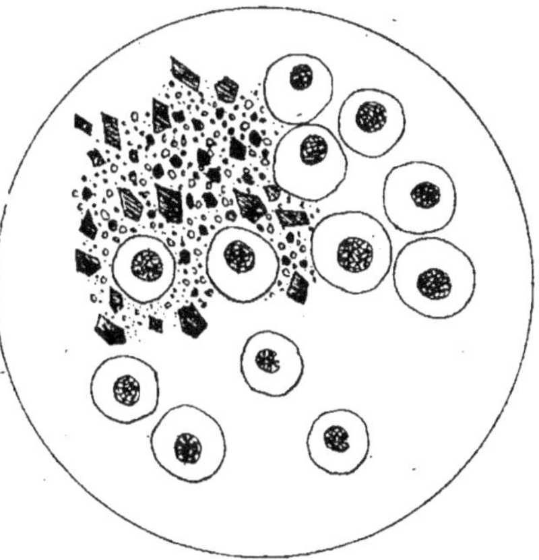

Fig. 50. — *Laverania vivax*. Partition intraglobulaire. D'après Schaudinn.

accès se succèdent toujours à la même heure, débutant avant midi. L'accès du premier jour se répète le troisième, ce qui est le propre de la fièvre tierce. Le *L. malariæ*, dont le cycle est plus lent, cause la fièvre quarte ; le *L. falcipara*, dont le cycle *in vitro* dure plus d'un et moins de deux jours, causera, tantôt des accès quotidiens, tantôt une tierce se distinguant par sa malignité de l'œuvre du *L. vivax*, tantôt une fièvre irrégulière, dont l'intermittence est mal réglée.

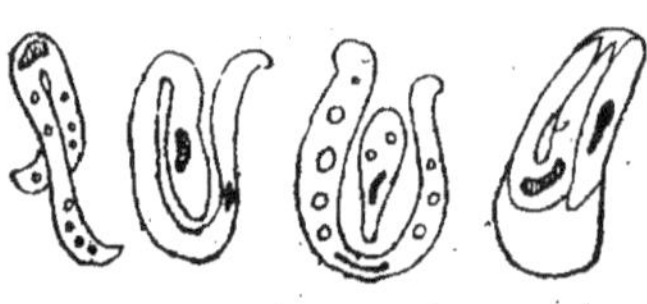

Fig. 51. — *Hæmagregarina hominis.* A droite on voit encore le contour de l'hématie déformée. D'après Arnold Krempf.

On considère comme des représentants incomplètement connus de la famille des Hémosporidies les mérozoïtes des *Hæmogregarina hominis* (fig. 51) *inexpecta* et *elliptica* qui se divisent transversalement dans les globules rouges comme l'*H. lacertæ* des lézards (fig. 52).

2. **Coccidies.** — Les Coccidies, autre [famille de Sporozoaires, ne

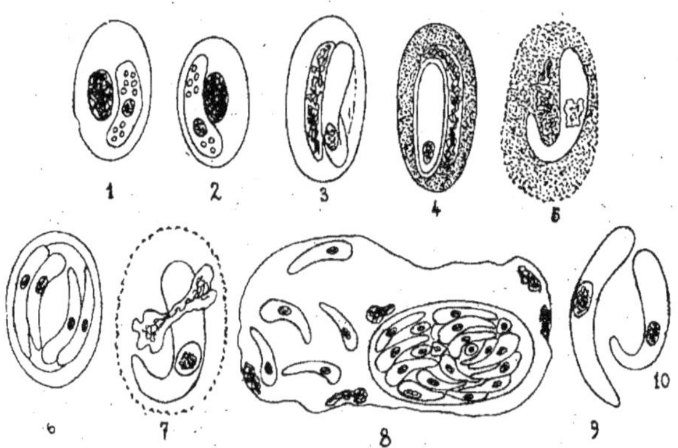

Fig. 52. — *Hæmogregarina lacertæ.* D'après Laveran et Pettit.

vivent pas dans le sang ; ce sont les cellules épithéliales (fig. 53) de l'intestin qui sont envahies par un sporozoïte se divisant en très nombreux mérozoïtes en forme de fuseau arqué dans le genre *Coccidium* (fig. 54). Chez les *Isospora* ; le nombre des mérozoïtes est réduit à 8, tout au plus 24, dans une cellule des villosités.

3. **Microsporidies.** — Les Microsporidies, famille qui semble rentrer aussi dans l'ordre des Sporozoaires, pénètrent souvent dans les

cellules. Nous y avons mentionné des formes filtrantes ; mais elles ne subissent pas dans l'organisme de pressions suffisantes pour les introduire passivement dans les éléments vivants : leur propre activité entre en jeu pour forcer la résistance des parois cellulaires, sans qu'il soit nécessaire qu'elles soient descendues aux dimensions permettant la filtration.

Dès 1887, Pfeiffer soupçonnait un Sporozoaire dans les pustules de variole et de vaccine. Guarnieri (1892) apporte des précisions. Dans les cellules des pustules, il observe, au sein du cytoplasme, de nombreux corpuscules serrés sous une membrane kystique et fonde sur ce caractère le genre *Cytorrhyctes*, dans lequel la spécificité des maladies l'engage à séparer deux espèces, *Cytorrhyctes vaccinæ* et *C. variolæ*. Si l'interprétation parasitaire ne fut pas acceptée d'emblée, on fut d'accord pour vulgariser le terme de corps de Guarnieri. Aujourd'hui nous avons des preuves de la réalité des deux espèces de Protozoaires dont les corps de Guarnieri sont la forme enkystée.

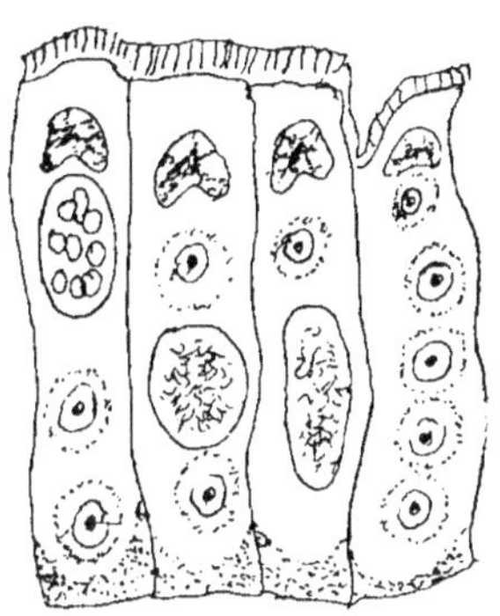

Fig. 53. — *Isospora gemina* dans les cellules épithéliales d'une villosité de lapin. Imité de Brumpt.

* * *

**Vaccin.** — Le *Cytorrhyctes vaccinæ* n'est pas toujours enkysté. On arrive à voir le parasite agile en inoculant le vaccin dans la cornée du lapin. A. Borrel et M<sup>lle</sup> Muller (1924), appliquant sur la cornée une lame chauffée à 40-45°, enlèvent une couche complète d'épithélium cornéen où ils repèrent le point d'inoculation. Pour suivre les étapes de l'évolution du parasite, ils énucléent des yeux inoculés depuis 1,2 ou 3 jours et, avant d'appliquer la plaque de verre pour l'examen microscopique, les gardent, 6, 12, 24 ou 48 heures à une température de 25 à 30° en atmosphère humide avec un peu

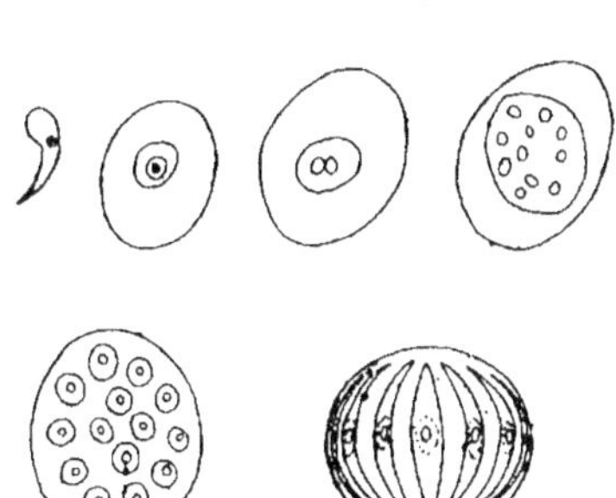

Fig. 54. — *Coccidium cuniculi*. Partition intracellulaire.

d'éther. La plaque chauffée est appliquée à ces diverses périodes ; après 5, 10 ou 20 applications, la préparation, à peu près exempte de sérosité, se prête au mordançage au tannate de fer et à la coloration.

Au bout de 24 heures, dans les zones d'extension récente, les corpuscules sont très nombreux et à la limite de la visibilité ; après coloration, on y distingue un point entouré d'une auréole irrégulière, amiboïde. Exactement au niveau de l'inoculation, certaines cellules en contiennent jusqu'à 30 de diverse taille, un peu plus tard, les corpuscules s'entassent à côté de l'un des pôles du noyau et l'amas forme un corps de Guarnieri en s'entourant d'un kyste (fig. 55).

Le *C. vaccinae* se déplace aussi et se multiplie en dehors des cellules. Frédéric Parker (1924) inocule du vaccin dans un testicule de lapin ; il place un fragment de ce testicule dans un plasma de lapin. Neuf repiquages successifs du fragment en 54 jours n'ont pas amoindri sa virulence. Si l'on place alors un fragment de testicule normal au voisinage immédiat du fragment contaminé, le parasite passe à travers le plasma dans le tissu sain.

Levaditi, Harde, Parker et Nye, Craciun et Oppenheimer avaient montré que le *C. vaccinæ* se multiplie dans les tissus en dehors de l'organisme. Carrel et Rivers précisent (1927) : ils prennent une pulpe de tissus embryonnaires (peau, cornée, cerveau, d'embryons de poulet) suspendue dans une solution nutritive ; ils y sèment une dose connue de virus vaccin ; au bout de huit jours, la virulence est devenue 400 fois plus forte.

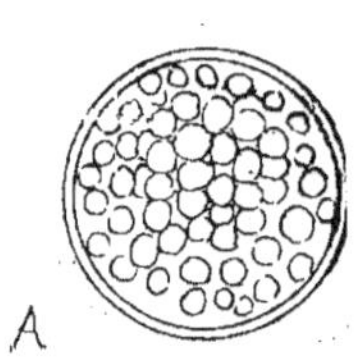

Fig. 55. — *Cytorrhyctes vaccinae.* A, forme enkystée (corpuscule de Guarnieri) ; B, formes actives.

* * *

**Variole.** — Le développement du *Cytorrhyctes variolæ* est étudié par H. A. Gins (1922) en inoculant du matériel variolique dans la cornée scarifiée du lapin. Il trouve, chez près des trois quarts des animaux expérimentés, des corps de Guarnieri provenant de corpuscules d'abord isolés dans le cytoplasme. Après épuisement de la cellule, le kyste décomposé laisse échapper les corpuscules qui envahissent de nouvelles cellules. Les mêmes corpuscules transmettent la variole. Gins croit discerner des sporocystes et des kystes sédentaires ; il ne précise pas la différence ; la distinction reste problématique.

Pieczenko (1922) décrit des corpuscules de 1/3 à 1/2 $\mu$, ayant une faible affinité pour les colorants basiques ou acides, groupés en tétrade ou en grappe.

L'étroite parenté des *Cytorrhyctes vaccinæ* et *variolæ* est prouvée par la réaction de fixation de l'alexine en présence du virus vaccin comme antigène et du sérum, soit de vacciné, soit de convalescent de variole comme anticorps. A. Netter et Urbain (1925) l'obtiennent en prenant pour anticorps le sérum des malades atteints d'alastrim. Cette maladie paraît distincte de la variole, malgré de grandes analogies dans les symptômes et la rapide diffusion des épidémies (1). De l'Afrique tropicale, qui paraît être son foyer primitif, l'alastrim a été importé en Amérique, notamment aux Antilles, d'où il est revenu à l'île portugaise de San Miguel dans les Açores, colporté par un bateau venu de la Guadeloupe en avril 1923. Jorge (1924) relate la terrible épidémie de San Miguel. Sur une population de 120.000 habitants, on releva 15.000 cas, dont 10 mortels. L'alastrim gagne l'Australie et l'Europe.

On n'a pas discerné le parasite de l'alastrim. Les séro-réactions viennent de nous montrer ses relations avec les *Cytorrhyctes* de la vaccine et de la variole ; mais les différences spécifiques sont capitales. La vaccine ne prémunit pas contre l'alastrim ; elle ne rend pas, comme la variole, réfractaire à la vaccination ; le virus de l'alastrim agit rarement et fort mal sur la cornée du lapin.

L'alastrim est donc une maladie infectieuse du même groupe que la variole, vraisemblablement imputable à un Protozoaire intracellulaire du genre *Cytorrhyctes*.

*       *

**Varicelle.** — La varicelle n'a rien de commun avec la variole. Son agent est le même que celui du zona, forme d'herpès (herpès zoster), ou du moins de certains zonas. A. Netter, Urbain et Lamy (1928) le prouvent par la fixation de l'alexine avec le sérum de convalescents, soit de zona, soit de varicelle, en prenant pour antigène des croûtes de l'une ou l'autre affection. On n'a pas de données suffisamment précises au sujet du parasite. Lœwenthal (1927) inocule du virus herpétique dans la cornée du lapin ; il observe des inclusions dans le cytoplasme et le noyau des cellules de cette cornée, aussi bien que des cellules des vésicules herpétiques de l'homme.

*       *

**Bactériophage.** — Sous le nom de Bactériophage, d'Hérelle signale un organisme détruisant le contenu des plastides bactériennes. Cette découverte fut une source intarissable de polémiques tendant plutôt à embrouiller la question qu'à l'élucider. Tout d'abord on confondit le Bactériophage avec un enzyme protéolytique décrit par Twort comme produit de sécrétion des bactéries. On parle encore du phénomène de Twort-d'Hérelle ; en réalité Twort et d'Hérelle ont décrit deux phénomènes d'ordre différent.

Le Bactériophage est isolé des cultures bactériennes par filtration sur bougie Berkefeld ou Chamberland. Un enzyme passerait de même ; le Bactériophage se distingue du corps inerte parce qu'il se multiplie et est transmissible en série à de nouvelles cultures bactériennes. Le Bactériophage n'a pas, comme un enzyme, une action diffuse altérant à la fois toutes

---

1 Alastrim vient du mot portugais alastrar signifiant une chose qui fuse de proche en proche.

les bactéries d'une colonie ; les unes sont lysées ; les autres se divisent plus activement ; le fait, signalé dès le début par d'Hérelle, fut maintes fois confirmé.

Le Bactériophage est un Protozoaire infectieux. Jonesco-Mihaiesti (1924) l'inocule au lapin sans le séparer des cultures de *Bacillus typhosus* et *B. dysenteriæ*. Les anticorps répandus dans le sérum du lapin sont mis en évidence par l'agglomération des Bacilles et la fixation de l'alexine. Ce qui nous importe davantage, c'est que le Bactériophage disparaît de l'intestin. Il s'est donc formé un anticorps détruisant le Bactériophage. Cet antibactériophage est appelé improprement antilysine par Jonesco-Mihaiesti. Dujarric de la Rivière (1925) constate la floculation du Bactériophage dans le sérum. Le floculat se dépose peu à peu ; on rend le liquide entièrement limpide par centrifugation et filtration ; alors il ne lyse plus de nouvelles cultures du *Bacillus dysenteriae* dont provenait le Bactériophage ; au contraire le dépôt a gardé le pouvoir lytique.

On l'en dépouille par le formol. Comme les êtres vivants, le Bactériophage est sensible aux poisons. L'eau de Javel à 1 : 1000 le tue plus vite que les bactéries associées (F. Arloing et Langeron, 1927), le sublimé à 1 : 7000 moins rapidement (Proca, 1927). Les rayons ultraviolets le détruisent comme les bactéries plutôt que comme les enzymes et les composés chimiques ; (R. Fischer et Earl Mc Kinley, 1927). Il est indifférent à l'émanation de radium (Bruynoghe et Mund, Bruxelles, 1925).

Karl Koch (1926) a montré que les corpuscules bactériophagiques ont une charge électrique positive, tandis que la charge des bactéries est négative.

Les observations mentionnées précédemment suffisent à établir que le Bactériophage n'est ni un enzyme, ni une bactérie ; elles laissent prévoir que c'est un Protozoaire. Eh bien, on l'a vu et on peut le classer.

Kuhn aperçut, dans les liquides doués d'un pouvoir bactériophagique, des corpuscules qu'il considère comme le Bactériophage même. Plus pressé de le nommer que de le décrire, il en fit un nouveau genre de Protozoaires sous le nom de *Pettenkoferia*.

Koch et Ziegenspeck (1927) s'attachent à l'observation rigoureuse. Dans des cultures d'espèces sporogènes (*Bacillus subtilis, mesentericus, mycoides*), examinées sur fond obscur, une semaine durant, ils aperçoivent des granules mobiles près des bactéries ; l'un d'eux franchit la membrane et s'immobilise. Les bactéries ne réagissent pas ; elles ne se protègent pas en formant des spores ; leur protoplasme ne tarde pas à être dissous, tandis que le parasite grandit et se divise en granules très mobiles. D'autres granules intrabactériens s'allongent et se divisent en deux. Ces éléments, libérés par la destruction des bactéries, offrent des formes amiboïdes, attribuées par les auteurs à la fusion d'un grand et d'un petit granule. Ce dernier point demande confirmation. Les éléments amiboïdes s'enkystent ; le kyste divise son contenu en granules qui, après libération, offrent des bipartitions répétées. Ces caractères firent songer à un Myxomycète ; ils conviennent mieux à une Microsporidie du genre *Cytorrhyctes*.

A. Borrel (1928) ensemence une gélose un peu dure avec du Bactériophage et des *Bacillus coli* ou des Staphylocoques. Ces bactéries commencent à être lysées au bout de 16 à 24 heures. En même temps apparaît autour des bactéries, un amas de granulations (fig. 56) qui manquent toujours dans les colonies sans Bactériophage. Les préparations surcolorées par le tannate de fer et la fuchsine montrent ces parasites beaucoup moins colorés que les débris de protoplasme lysé. Le Bactériophage est un *Cytorrhyctes*, en sorte que le genre *Pettenkoferia* tombe en synonymie. La pluralité des espèces n'étant pas établie, nommons-le *Cytorrhyctes bacteriophagus*.

Le *C. bacteriophagus*, capable de perforer les membranes bactériennes, peut, à plus forte raison, traverser activement une couche de collodion. Wollmann (1921), puis Gotten (1922), Burgers et Bachmann (1924), l'ont constaté. C'est un fait acquis, en dépit des dénégations basées sur les insuccès de Doer et Zdansky (1923), Jonesco-Mihaiesti (1924). Cette pénétration de vive force ne nous renseigne pas sur les dimensions du parasite ; elle n'a rien de commun avec l'ultrafiltration à travers les mêmes sacs de collodion.

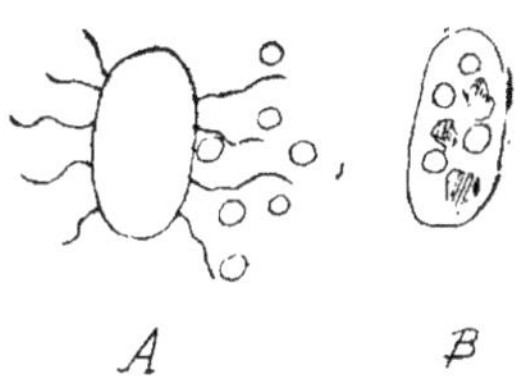

Fig. 56. — *Cytorrhyctes bacteriaphagus*. A, autour d'un bacille ; B, dans son intérieur.

A l'inverse de ses congénères qui ont retenu l'attention des médecins par leur action pathogène ou immunisante, le *C. bacteriophagus*, tout en étant infectieux puisqu'il provoque la formation d'anticorps, ne modifie en rien la santé de l'homme ; c'est le fléau des bactéries ; à ce titre il est notre auxiliaire. Dans la terre, dans l'eau, même salée à plus d'un gramme par litre comme dans la lagune de Venise, le port de Messine et le détroit à deux kilomètres du port, selon Fortunato (1928), la quantité de Bactériophages varie en raison inverse du nombre des bactéries. Aussi les hygiénistes lui reconnaissent-ils un rôle épurateur.

Le Bactériophage se montre salutaire en s'adaptant spécialement à une bactérie pathogène qu'il détruit dans l'organisme malade. Larkum (1926) s'occupe de la colibacillurie. Dans les urines sans bactéries, il ne trouve pas de Bactériophages ; dans les cas chroniques, on ne rencontre guère que des bactéries devenues réfractaires au Bactériophage adapté au *Bacillus coli*. Ces formes résistantes sont rares dans les cystites aiguës que l'on observe surtout chez la femme : l'action énergique du *Cytorrhyctes* prévient le passage de la cystite à l'état chronique. Pour accélérer son œuvre salutaire, Larkum a injecté du Bactériophage et obtenu des guérisons.

Hauduroy (1925), conformément aux vues de d'Hérelle, pense que le Bactériophage adapté au *Bacillus typhosus* joue un rôle actif dans la guérison de la fièvre typhoïde. Trois malades, dont la température était depuis trois jours stationnaire à 40°, offrent une brusque défervescence ; la veille, on avait fait des hémocultures qui poussèrent en 24 heures et furent rapidement lysées par les Bactériophages associés. A la fin de la maladie, des hémocultures positives ou négatives en ce qui concerne les Bacilles renferment souvent du Bactériophage *anti-typhosus*. Peu auparavant, Hauduroy avait montré que la bile, sans détruire le Bactériophage, entrave son action. Voilà pourquoi la vésicule biliaire est le repaire du *Bacillus typhosus* chez les convalescents et les porteurs sains.

Ces faits donnent l'idée de l'emploi thérapeutique du *Cytorrhyctes bacteriophagus*. L'essai est sans danger ; les résultats obtenus jusqu'ici sont variables, mais non décourageants. C'est une voie nouvelle à explorer pour fixer les conditions et la modalité de l'intervention.

On n'a pas précisé le rapport avec les cellules des *Cytorrhyctes* de la poliomyélite, de la verrue et autres excroissances cutanées.

* * *

**Encephalitozoon**. — Le genre *Encephalitozoon*, créé en 1923 par Levaditi, Nicolau et M^lle Schœn, a pour espèce type l'*E. cuniculi*. Dans cette espèce (fig. 57), les corpuscules sont logés dans des kystes intracellulaires ; ils se distinguent de ceux des *Cytorrhyctes* par deux vacuoles polaires, dont l'une a son centre occupé par un granule chromatique ; chaque corpuscule mesure 1-2 µ. Ces corpuscules sont d'abord libres ; le kyste se différencie secondairement autour de leurs amas.

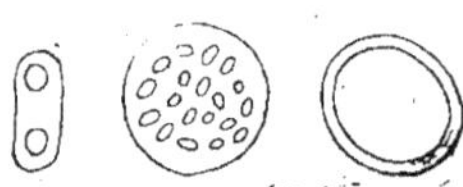

Fig. 57. — *Encephalitozoon cuniculi.*

Levaditi, Nicolau et M^lle Schœn observèrent, chez des lapins atteints d'encéphalite spontanée, 20 à 40 corpuscules logés dans une vacuole qui paraît être le point de départ d'un kyste. Les kystes occupent les cellules névrogliques des centres nerveux et les épithéliums rénaux. Expulsés du cytoplasme, ils sont éliminés par les tubes droits du rein ; les corpuscules qu'ils contenaient sont évacués dans l'urine. Remarquons l'analogie de ces localisations avec celles du *Noscma bombycis* dans les ganglions et les glandes séricifères du ver à soie atteint de pébrine.

L'*Encephalitozoon chagasi* fut décrit par Torres en 1927 ; il avait été découvert au Brésil chez un enfant atteint de méningo-encéphalo-myélite congénitale avec myosite et myocardite. Le parasite, observé dans le tissu nerveux, le tissu conjonctif sous-cutané, les muscles du squelette et le muscle cardiaque, forme des amas de corpuscules ovoïdes, mesurant 3,5 µ sur 1,5 µ, contenant un noyau d'un µ, ou bien des sortes de plasmodes plurinucléés, ou des éléments géants atteignant 12 × 7 et jusqu'à 41 × 10 µ. Ces divers aspects ne rappellent guère les *Encephalitozoon*, dont les kystes ne furent pas non plus observés. Torres avait songé à un *Toxoplasma*, genre d'Hémogrégarines trop mal défini pour nous éclairer. Avouons franchement que le parasite de Torres est insuffisamment connu pour être classé.

Janku (1923) avait vu, dans la rétine d'un enfant atteint d'hydrocéphalie congénitale, des inclusions qu'il rapporte aux Protozoaires. Levaditi (1928) considère ces formations comme des kystes et, rapprochant l'observation de celle de Torres, n'exclut pas l'idée d'un *Encephalitozoon*. Je croirais volontiers à un *Cytorrhyctes*.

Dans un cas d'idiotie amaurotique familiale, Spilmeyer (1922) constate, dans les neurones de l'écorce cérébrale, des inclusions dont Levaditi et Schœn soupçonnent la nature parasitaire.

***

On s'attend à trouver un *Encephalitozoon* dans l'encéphalite épidémique ou encéphalite léthargique de l'homme. Ce n'est pas, en tout cas, l'*E. cuniculi*. Jean Dechaume (1927) trouve dans le cytoplasme, parfois dans le noyau des cellules formant les masses grises centrales et le cortex du cerveau, des éléments épars ou agglomérés, entourés d'un halo clair et contenant des vacuoles. C'est peut-être l'*Encephalitozoon* présumé.

L'agent de l'encéphalite léthargique est un Protozoaire filtrant. Levaditi et Harvier ont constaté la virulence des filtrats sur bougies Chamberland 1 et 3. Le siège de prédilection de l'agent est la corne d'Ammon du cerveau. Une néphrite aiguë, signalée par Bennett (1924) au cours de la maladie, est vraisemblablement provoquée par le travail d'élimination des Microsporidies.

***

**Rage**. — L'*Encephalitozoon rabiei* Manouélian, agent de la rage, se loge dans le cytoplasme des neurones, notamment ceux de la corne d'Ammon. Dès 1884, Pasteur avait aperçu, dans le cerveau des chiens enragés, des granulations dont la nature parasitaire lui semblait probable. Il songeait à quelque Protozoaire voisin du *Nosema bombycis*, agent de la maladie corpusculaire ou pébrine du ver à soie. Les granulations signalées par Pasteur furent retrouvées par di Vestea chez des lapins inoculés dans le sciatique. Entre la gaîne de Schwann et la gaîne myélinique, il vit des corpuscules elliptiques, de la grandeur d'une hématie ; une capsule à double contour revêt un amas de grains colorables par le carmin. Quelques années plus tard, Negri faisait une description semblable des inclusions cérébrales des chiens enragés et le nom de corps de Negri fut adopté.

Les corps de Negri ne sont pas constants dans des tissus dont l'inoculation prouve la virulence. Pasteur avait remarqué une certaine inconstance dans l'activité du virus des rues (on nomme ainsi les organes des chiens errants abattus comme enragés). Pour ses expériences il avait besoin d'un virus fixe ; il l'obtint en inoculant la corne d'Ammon d'un chien enragé à un chien sain et en renouvelant l'opération par une série de cinq passages au moins. Pasteur, d'autre part, atténue le virus fixe par l'exposition des moelles épinières qui le contiennent à l'action de l'oxygène ; l'agent pathogène atténué est devenu un agent d'immunisation qui sert aux vaccinations antirabiques inventées par le génie de Pasteur. On ne trouve de corps de Negri, ni dans le virus fixe, ni dans le vaccin pasteurien. Manouélian et J. Viala (1926), suivant le passage du virus des rues au virus fixe, voient les corps de Negri plus rares et moins volumineux à chaque passage, pour devenir introuvables au cinquième ou au sixième. Kelser (1924), en Amérique, en trouve dans les centres nerveux de lapins ayant reçu du virus fixe trois jours auparavant ; mais s'ils sont sacrifiés deux jours plus tard, on n'en découvre pas.

Nous pouvons conclure que les corps de Negri ne sont pas nécessaires à la production de la rage ; ils représentent l'*Encephalitozoon rabiei* sous une forme enkystée, dont l'activité est restreinte. Les formes agressives du parasite ne sont pas immobilisées dans un kyste. Manouélian et J. Viala

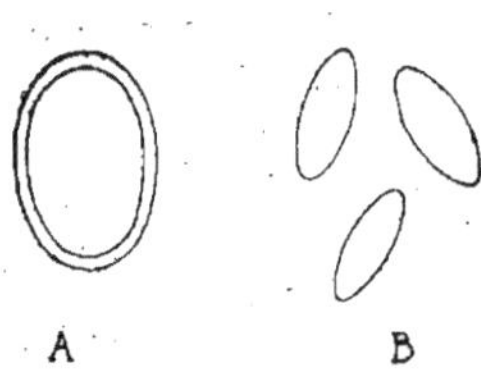

Fig. 58. — *Encephalitozoon rabiei.* A, corps de Negri ; B, formes actives.

(1924) les découvrent dans la corne d'Ammon, en mélange avec les corps de Negri (fig. 58). Ce sont des corpuscules allongés, fusiformes, longs de 1-2 µ, colorés en rose vif par l'éosine-azur de Mann ; les plus gros offrent des vacuoles se colorant en bleu, analogues aux vacuoles polaires de l'*E. cuniculi* dont les dimensions sont semblables. Dans les grandes cellules pyramidales de la corne d'Ammon, ces corpuscules forment des amas passant au corps de Negri en s'entourant d'une membrane kystique. Quand le parasite est très actif et se multiplie rapidement, il n'offre que des corpuscules libres ; tel est le cas dans le virus fixe et le vaccin qui en dérive grâce à l'action de l'oxygène qui s'exerce énergiquement sur des plastides nues, mais qui serait précaire si elles étaient abritées dans un kyste. Gallego (1925) observe les corpuscules libres dans le virus fixe et reconnaît leur ressemblance avec une partie des granulations incluses dans les corps de Negri.

On ne connaît que trop le danger de la morsure des chiens enragés. Pasteur a vérifié que l'inoculation de leur bave transmet la maladie. La salive contient donc le parasite ; elle semble pourtant bien éloignée des centres nerveux. Ce mystère fut pleinement éclairci par Manouélian et J. Viala. En 1924, ils avaient aperçu des corps de Negri dans les glandes salivaires ; en y regardant de plus près, ils reconnaissent (1926) que le parasite, exceptionnel dans les *acini* et les canaux excréteurs, est constant dans les neurones intraglandulaires, ainsi que (1928) dans les ganglions nerveux logés entre l'épithélium et la paroi fibreuse du canal de Wharton. Fait plus important, la muqueuse de la paroi buccale et de la langue contient de petits ganglions nerveux périphériques et de petits troncs, rameaux et ramuscules, dont les cellules nerveuses, isolées ou groupées, ont leur cytoplasme farci d'*E. rabiei.* Ils trouvent encore (1928) des neurones parasités dans les muscles de la langue. Nocard et Leclainche avaient reconnu

que la paroi sèche de la bouche est parsemée d'érosions superficielles ou
de plaies dues à la préhension brutale de corps rugueux ; Manouélian et
J. Viala y distinguent, en outre, de minuscules abcès bactériens ; l'épithélium détruit laisse à nu le chorion altéré ; ces brèches, atteignant les neurones, permettent aux parasites d'arriver du système nerveux dans la
salive et d'envenimer les morsures. Selon Remlinger (1928), la bave est
plus virulente que les centres nerveux.

Reste à montrer la continuité des centres cérébro-spinaux avec les ganglions de l'appareil digestif qui appartiennent au système sympathique.
Roux (1888) avait inoculé à trois chiens un tronçon de pneumogastrique
sectionné en trois segments ; le tronçon moyen ne produisit aucun effet ;
les deux autres transmirent la rage. Manouélian et Viala (1928) renouvellent l'expérience avec les mêmes résultats. Les corps de Negri existent
exclusivement dans les neurones d'origine sympathique, abondants dans
les ganglions plexiformes de la base du nerf, envoyant des fusées dans le
bout périphérique.

Un fait se dégage de ces expériences. Les ganglions sympathiques sont
virulents en raison de leurs communications avec les nerfs. Les nerfs eux-
mêmes transmettent les parasites qu'ils ont reçus des centres cérébro-
spinaux avec lesquels ils sont en continuité. Nicolau et Mⁱˡᵉ Mateiesco
(1928) en fournissent la démonstration par l'expérience suivante : ils
commencent par sectionner près de son émergence le sciatique droit de
huit lapins ; pour couper plus sûrement la communication, ils résèquent
le bout inférieur des nerfs détachés, sur une longueur de 3-4 mm. Quand
la plaie est cicatrisée, on inocule du virus des rues dans le cerveau des lapins. Les symptômes de rage paralytique se déclarent huit jours plus tard
et la mort survient le surlendemain. Sur les cadavres, on prélève séparé-
ment les nerfs non sectionnés et les bouts libres de nerfs réséqués. Une
émulsion du premier lot est injectée dans le cerveau de huit lapins, qui
périssent de rage avec corps de Negri dans le cerveau. Seize autres lapins,
inoculés avec l'émulsion des bouts périphériques des sciatiques droits,
ne présentent ni symptômes rabiques, ni corps de Negri.

Les capsules surrénales, de même que les glandes salivaires, contiennent,
surtout vers la périphérie, des neurones et des ganglions nerveux, qui
expliquent la virulence parfois reconnue à ces capsules prélevées par Manouélian et J. Viala (1928) à l'autopsie de chiens enragés.

Une chaine ininterrompue rattache la bave qui envenime les morsures
au cerveau, siège de prédilection de l'*Encephalitozoon rabiei*. Cette Microsporidie pénétrant dans le cytoplasme des neurones est bien l'agent de la
rage. Elle détermine la maladie, non par sa seule présence ou son action
mécanique, mais par la sécrétion d'une toxine répandue par le liquide
céphalo-rachidien. Speranski (1928) retarde l'explosion de la rage en éva-
cuant tout ce liquide par ponction lombaire immédiatement avant d'inoculer le virus rabique. Il espère que cette pratique pourrait favoriser la
pénétration d'un sérum antirabique. En attendant, nous avons à notre

disposition le procédé d'immunisation active par la méthode de Pasteur ou les modifications qui cherchent à améliorer le procédé.

## Pseudobactéries. Spirochétidés

**Borrelia**. — Parmi les Spirochétidés, le *Borrelia recurrentis* vit alternativement chez l'homme et le pou du corps (*Pediculus vestimenti*). Nicolle, Blaisot et Conseil (1912) nourrissent des poux sur des malades ou des singes infectés. L'examen sur le vif, à l'ultramicroscope leur montre que le parasite devient immobile deux ou trois heures après le repas. Nicolle et Lebailly (1919) arrivent à plus de précision par la méthode des coupes. Les poux prennent un repas sur un macaque inoculé l'avant-veille et dont le sang fourmillait de *Borrelia*. Ils sont successivement inclus dans la paraffine, puis débités en tranches minces ; les coupes sont imprégnées au nitrate d'argent.

Des formes spirilloïdes sont aperçues dans l'intestin le premier jour, dans la cavité générale à partir du septième ; dans l'intervalle le *Borrelia* subsiste sous une forme certainement différente.

Une heure après le repas, les *Borrelia* forment des amas répandus d'un bout à l'autre du tube digestif. Dans l'intestin antérieur (estomac et ses diverticules), ils s'orientent vers la paroi ; ils s'insinuent entre les cellules épithéliales hautes, mamelonnées, saillantes dans la lumière ; ils pénètrent à l'intérieur des cellules à travers la paroi périphérique, qui est la plus mince.

Au début du stade intracellulaire, les parasites ont gardé le même aspect spirilloïde que dans la lumière de l'intestin. Ils s'incurvent pour embrasser le noyau dans leur concavité ; il en est encore ainsi après six heures, bien qu'ils soient déjà immobiles au bout de deux ou trois heures. Dans les coupes correspondant au deuxième jour et aux suivants jusqu'à la fin du sixième, les formes spirilloïdes font défaut ; elles font leur réapparition au début du septième jour dans le cœlome, surtout abondantes dans les espaces lacunaires des pattes et des antennes. La rupture d'organes aussi fragiles par le patient qui se gratte répand sur la plaie le liquide coxal rempli de *Borrelia* semblables à ceux de l'intestin du pou ; c'est ainsi que l'agent de la fièvre récurrente est transmis à l'homme.

Entre les deux stades spirilloïdes séparés, chez le pou, dans le temps et dans l'espace, le parasite subit, dans les cellules épithéliales de l'intestin, des transformations qui n'ont pu être décelées, parce que les *Borrelia* sont masqués par le pigment sanguin dont les masses encombrent les cellules. Ce stade intracellulaire inaperçu répond certainement à la fragmentation des filaments onduleux en arthromicrobes semblables aux *Rickettsia*.

Le *Borrelia recurrentis* passe dans les œufs du pou et persiste dans les nymphes (da Rocha-Lima, Nicolle) ; il est transmis de génération en génération chez l'Invertébré ; l'homme n'est qu'un hôte occasionnel.

Chez l'homme, on n'a pas vu les formes agiles pénétrer activement dans des cellules immobiles.

Les filaments sinueux (fig. 59) qui abondent pendant les accès dans la circulation périphérique y font défaut durant les accalmies. On se hâta de conclure que tout se bornait à un déplacement de parasites toujours libres, faisant la navette entre le sang circulant et les organes profonds. Cette théorie est vraie dans la mesure où elle repose sur des observations exactes, maintes fois vérifiées ; mais elle ne tient pas compte de tous les faits. Pendant l'apyrexie, le sang reste virulent. Le parasite est transmis par Ch. Nicolle et Anderson (1927) au moyen du sang recueilli dans l'intervalle des accès ; il subsistait donc dans la circulation sous une forme inaperçue, autre que la forme spirilloïde. Cette nouvelle forme était soupçonnée en 1882 par Duclaux. Son observation mérite d'être relatée : Quand la défervescence commence, les mouvements du parasite se ralentissent, puis tout disparaît «sans doute par suite de la formation de spores ; mais le fait n'a pas été directement constaté. Peut-être aussi cette période d'enkystement répond-elle à la période de rémission de la fièvre. La rechute serait alors due au réveil d'une nouvelle génération. » Ces lignes revêtent une allure prophétique, si nous les confrontons avec une découverte de Marzinowsky (1922) prévue quarante ans plus tôt par le digne disciple et successeur de Pasteur.

Dans l'intervalle des accès, d'après Marzinowsky, les *Borrelia* qui n'ont pas abandonné le sang périphérique sont conservés dans des globules sanguins comme les *Laverania* pendant les détentes des fièvres intermittentes ; mais au lieu de s'introduire dans les hématies ou globules rouges, ils sont englobés sous une forme de repos par les leucocytes ou globules blancs amiboïdes. Marzinowsky vit, dans le sang frais, des filaments sinueux s'enchevêtrer deux à deux et se séparer après quelques secondes. A la fin

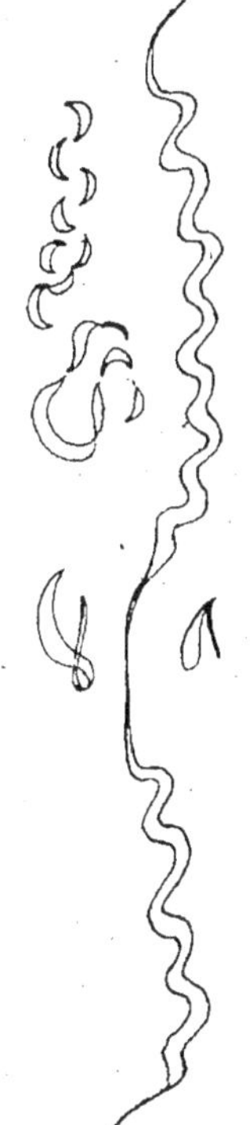

Fig. 59. — *Borrelia recurrentis.* Son morcellement en formes filtrantes. Ces dernières d'après Afanassiew.

de l'accès, le plasma renferme une forme annulaire immobile ; nous ne garantissons pas qu'elle soit le produit de la fécondation des filaments accouplés. Constatons sans discuter que les formes annulaires sont englobées par les macrophages uninucléés, qui les conservent sans les digérer pendant l'accalmie.

Le *Borrelia duttoni* se comporte à peu près comme le *B. recurrentis.* C'est l'agent de la récurrente africaine, tick fever des Anglais ; au lieu d'être transmis par les poux, il est inoculé par la piqûre d'une tique, Acarien du genre *Ornithodorus*. Chez l'homme, l'englobement par les phagocytes n'est pas plus connu que la pénétration dans les plastides immobiles. Dutton et Todd transmirent le *B. duttoni* au singe en le faisant piquer par des *Ornithodorus moubata*, non par les tiques recueillies sur le malade, mais par leurs descendants, soit au stade de nymphe, soit au stade adulte. Cette expérience démontre que le *B. duttoni* passe d'une génération à l'autre Cette importante question sera développée au Chapitre IX consacré au parasitisme congénital.

Un *Ornithodorus moubata* qui vient de puiser le sang d'un malade ren-

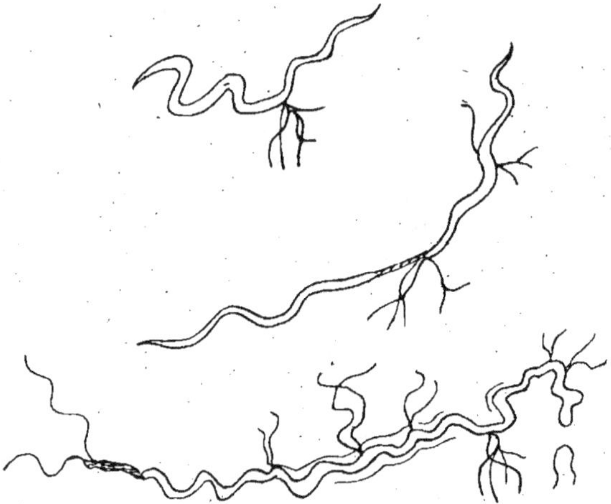

Fig. 60. — *Borrelia gallinarum.* D'après Borrel.

ferme des *Borrelia* dans l'intestin, puis dans l'hémolymphe de la cavité générale. Ce passage implique une pénétration qui n'a pas été observée comme celle du *B. recurrentis* dans les cellules épithéliales de l'intestin du pou.

Le *B. duttoni* est plus différencié que le *B. recurrentis*. Sous l'action des mordants, des fibrilles ectoplastiques font hernie et simulent des fouets moteurs comme chez le *B. gallinarum* (fig. 60).

* * *

**Treponema**. — Dans la paralysie générale, le *Treponema pallidum* (fig. 61) ne s'attaque guère qu'aux tissus épithéliaux, vrais épithéliums d'origine ectodermique, endothéliums qui, en dépit de leur origine méso-dermique, tapissent comme des épithéliums les cavités closes. Charrié

passivement par la circulation vers les centres nerveux, le Tréponème
s'attaque à l'endothélium d'origine épendymaire qui, en s'insinuant dans

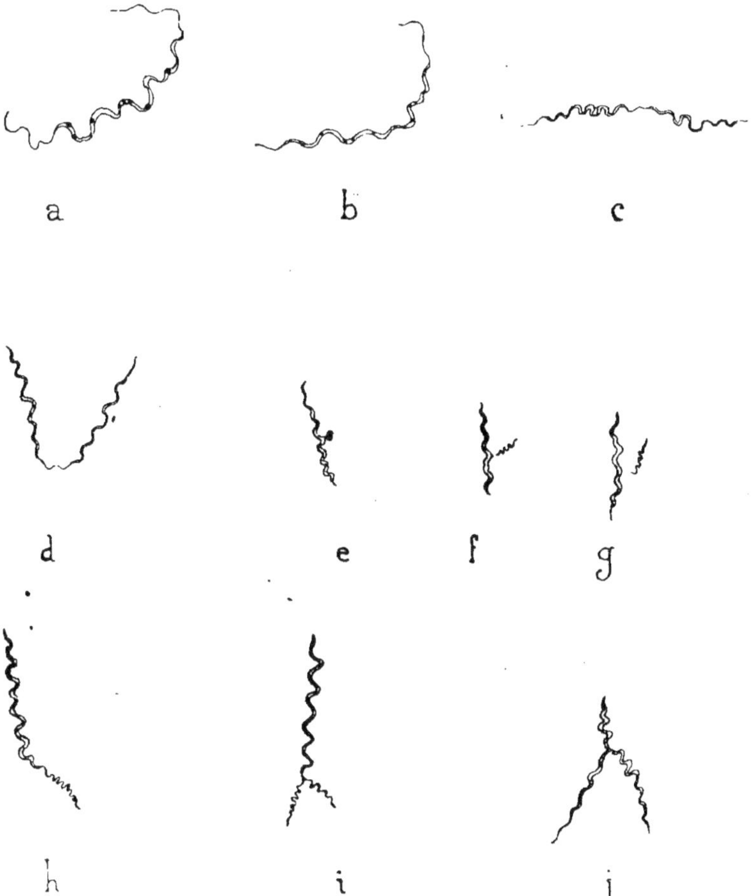

Fig. 61. — *Treponema pallidum*. *a, b*, filament pourvu de grains chromatiques
dont le rapprochement par paires indique la division (original) ; *c, d*, division
transversale (Siedlecki et Krzysztalowicz) ; *e, f, g*, bourgeonnement d'un
rameau latéral (Mierowsky) ; *h*, bourgeonnement d'un rameau apical (Levaditi) ; *i, j*, bourgeonnement d'une paire terminale de rameaux (Siedlecki et
Krzysztalowicz).

les anfractuosités du système cérébro-spinal, constitue la névroglie et fait
de la paralysie générale une gliose, variété d'endothéliose en connexion

avec les centres nerveux. Le *Tr. pallidum* ne pénètre pas dans les neurones ; il les empoisonne avec les produits sécrétés à l'intérieur des cellules de la névroglie.

La syphilis est une affection dépendant de la même maladie que la paralysie générale. Pour éviter les néologismes, on appliquera à cette maladie le nom d'avarie, vulgarisé par la littérature. Dans les deux affections, l'agent est le même *Treponema pallidum*. Seulement, dans la paralysie générale qui constitue un accident tardif, consécutif à la syphilis, le parasite affaibli n'a plus la vigueur requise pour affronter des éléments plus robustes que ceux des épithéliums et des endothéliums. Dans la période syphilitique, par contre, toutes les lésions partent d'altérations conjonctivo-vasculaires. Bornons-nous à mentionner la pénétration des Tréponèmes dans les cellules musculaires lisses des vaisseaux, aussi bien que dans les cellules parenchymateuses.

## Rickettsidés

**Rickettsia.** — De même que les Spirochétidés, les Rickettsidés causent des fièvres à poux et des fièvres à tiques, sans compter les fièvres à moustiques, telles que la fièvre jaune.

Parmi les premiers, le *Rickettsia prowazeki* occupe surtout l'intérieur des cellules endothéliales de l'épendyme et des petits vaisseaux ; il y forme, au sein du protoplasme tuméfié, bourré de vacuoles et de granulations perceptibles seulement aux plus forts grossissements, de larges placards donnant à la cellule un aspect inconnu en dehors du typhus. Les cellules envahies se mobilisent et produisent des infiltrations circumvasculaires de plus en plus accentuées. Les vaisseaux eux-mêmes sont obstrués par l'endothélium hyperplasié et infiltré de plurinucléaires, puis par des thrombus fibrineux. Les parasites déclenchent ces complications à côté des cellules envahies.

Chez le pou, le *R. prowazeki* offre les mêmes aspects que chez l'homme. Il se loge dans les cellules épithéliales de l'intestin ; il les remplit, les distend et, les faisant éclater, se répand dans la lumière du tube digestif et se laisse éliminer avec les crottes.

Le *R. pediculi*, proposé en 1917 par da Rocha-Lima comme type du genre, pénètre dans les cellules épithéliales de l'intestin du *Pediculus vestimenti* de la même façon que le *R. prowazeki* auquel il ressemble à s'y méprendre. C'est une espèce-sœur du *R. prowazeki*, en différant biologiquement, car elle n'en partage pas les propriétés pathogènes ; elle ne cause pas le typhus et ne prémunit pas contre cette maladie. Elle a été inoculée sans résultat à l'homme, au singe, au lapin, au cobaye, à la souris. Un cobaye, auquel Rosenberger (1922) l'avait inoculé, ne fut pas préservé des effets de l'inoculation ultérieure du *Rickettsia* du typhus.

Le *R. rickettsii*, agent de la fièvre pourprée des Montagnes Rocheuses, est, comme on sait, transmis par des tiques, notamment le *Dermacentor venustus*. Chez l'homme, les lésions essentielles frappent les vaisseaux sanguins périphériques, y compris ceux des organes génitaux externes. Au début, l'endothélium vasculaire est le siège d'une intense prolifération ; les *Rickettsia* abondent dans les cellules endothéliales des vaisseaux sans respecter le noyau. Chez la tique, ils se trouvent dans les cellules de tous les organes et dans les œufs.

* * *

**Grahamella**. — Une autre fièvre à tiques est causée par un *Grahamella*. Dans la fièvre de Oroya ou maladie de Carrion, localisée dans les hautes régions des Andes péruviennes, Barton (1905) aperçut les *Gr. bacilliformis* (fig. 62) nombreux dans les hématies ; ce sont des bâtonnets atteignant,

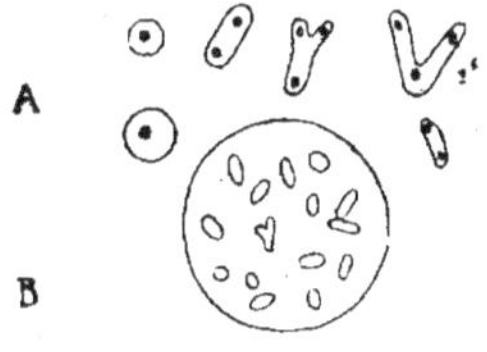

Fig. 62. — *Grahamella bacilliformis.* A, libres ; B, dans une hématie.

1,5 à 2,5 µ prenant une coloration bipolaire, contractiles ; ils sont isolés ou enchaînés par 2 à 5 ; quelques-uns offrent les formes en V ou en Y connues chez les Spirochétidés. On trouve des boules de 0,2 à 1 µ, munies d'un grain chromatique. Réaction de Gram négative. Dans les cas graves, les hématies sont envahies dans la proportion de 20 à 30 %

# CHAPITRE VIII

## PROTOZOAIRES PÉNÉTRANT DANS LES TISSUS SANS ENVAHIR LES CELLULES

---

Ils se rencontrent dans les groupes les plus divers, sans que leur action infectieuse soit dans chaque cas rigoureusement établie.

## Infusoires

Ne nous exagérons pas le danger des Infusoires. Il est facile d'en trouver dans les selles humaines où l'on en signale une dizaine d'espèces réparties dans cinq genres : chaque jour on en rencontre de nouveaux ; ce jeu ne suffit pas pour allonger la liste des agents pathogènes. Quelques-uns viennent des poussières de l'air ou de l'eau des seaux de toilette ; d'autres ont traversé l'intestin sous forme enkystée ; ils ne sont pas plus parasites qu'un noyau de cerise, s'ils sont incapables de manifester leur activité à la température du corps humain. Avant de les incriminer, il faut prouver, non seulement qu'ils ont vécu en parasite, mais encore qu'ils ont troublé la santé. Ces preuves ont été fournies pour le *Balantidium coli* Stein (*Paramœcium coli* Malmsten, 1857). Cet Infusoire a pour hôte habituel le porc. Il a un corps ovoïde, rétréci en avant, dyssymétrique en raison de la position excentrique de la bouche entourée de cils adoraux, longs et robustes, contrastant avec les cils fins disposés en lignes hélicoïdes sur le reste de la surface. La diversité des cils caractérise l'ordre des Hétérotriches et distingue les *Balantidium* du genre *Paramœcium*. Les dimensions chez le porc varient de 30 à 200 μ sur 20 à 70 μ ; chez l'homme on lui trouve une longueur de 60 à 70 μ.

La bouche n'est pas un orifice béant ; le périplaste imperméable est interrompu à son niveau, tandis que l'ectoplaste, découvert et affranchi de toute entrave extérieure, forme une membrane perméable, propre, comme un dialyseur, aux échanges par osmose. Cette membrane, déprimée au repos, est protractile à la façon d'un pseudopode nommé languette. L'ectoplaste saillant en languette (fig. 63) englobe des particules solides : grains d'amidon (Leuckart), hématies, leucocytes (Ziemann, 1925) et les transmet à l'entoplaste qui les digère dans des vacuoles digestives en même temps que les aliments fluides introduits par osmose. Les vacuoles, entraînées dans le mouvement giratoire du protoplasme, lui livrent les composés assimilables ; arrivées au niveau de l'anus, elles s'évanouissent sans laisser de trace, car elles n'ont pas de membrane propre et les déchets s'échappent dans l'intestin où ils répandent des produits parfois toxiques.

Outre les vacuoles digestives fugaces et renouvelables, le *Balantidium coli* a deux vacuoles pulsatiles excrétant périodiquement (chaque 15 secondes) un liquide auquel on ne connaît pas de propriété toxique.

Le grand noyau est réniforme, le petit, sphérique.

Les grands cils adoraux ne servent pas à la natation ; leur vibration détermine des tourbillons acheminant les aliments vers la bouche. Ils favorisent la pénétration du parasite, si l'on en juge par comparaison avec une espèce voisine, *B. suis* Mac Donald, 1922, ne différant guère du *B. coli*

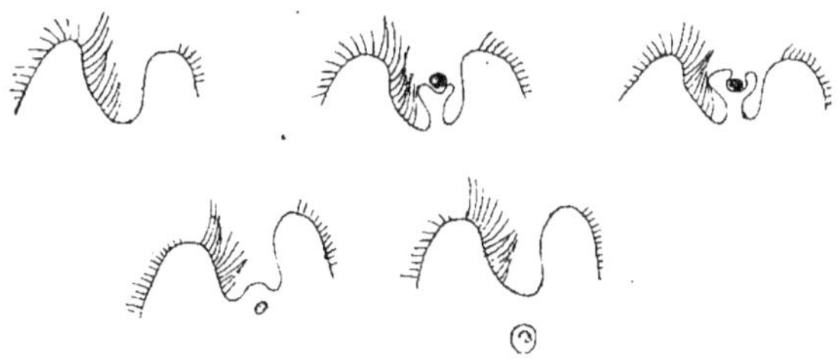

Fig. 63. — *Balantidium coli*. Languette d'ectoplaste fonctionnant comme un pseudopode qui happe une particule solide et la transmet à l'entoplaste qui l'enveloppe d'une vacuole.

que par le corps plus large en avant qu'en arrière et par la bouche plus ventrale. Le mérozoïte est animé d'un mouvement de tarière lui permettant de forer les muqueuses. A cette action mécanique se joint l'action digestive des sucs excrétés par la languette buccale. L'action des sucs digestifs a été précisée pour les Paramécies : Mesnil et Mouton les rassemblent en grand nombre en mettant à profit leur galvanotropisme. L'extrait contient des protéases dissolvant énergiquement la gélatine, faiblement la fibrine ; il est à présumer que de semblables ferments imbibent la languette du *Balantidium* et ramollissent la paroi de l'intestin.

Le *Balantidium coli* a le moyen de forcer les barrières naturelles et de pénétrer activement dans les tissus. Sa marche progressive a été repérée par des jalons de la cavité intestinale aux lymphatiques, aux veines, aux capillaires, aux artérioles, à travers la muqueuse, la sous-muqueuse, la musculeuse et la sous-séreuse, par Strong et Musgrave aux Philippines, Solowiew à Tomsk, Klimenko en Russie, Askanazy à Kœnigsberg. On l'a trouvé dans des foyers hémorragiques de la paroi intestinale ; dans les tissus profonds enflammés, on constate des hémorragies avec pseudo-mélanose. Brumpt démontre expérimentalement qu'introduit dans le rectum, il cause des accidents allant de l'inflammation à l'ulcération. L'entérite balantidienne se distingue des dysenteries rien qu'à l'aspect des selles diarrhéiques, jaune-brunâtre, assez homogènes selon Brenner, de Kiel.

Indépendamment de sa pénétration de vive force, la circulation le charrie pour le semer dans des organes distants de l'intestin, souvent escorté de bactéries pyogènes. Le *B. coli* est trouvé par Bowmann dans les ganglions mésocoliques, par Manson, Stokvis, dans des abcès du foie. Manson l'observe dans un crachat purulent à la suite de la rupture d'un abcès du foie dans le poumon droit. Winogradow le signale dans des abcès pulmonaires. Il est mentionné dans la gangrène pulmonaire. Stokvis le signale dans la salive, Dalgetty trouve de petits spécimens ($30 \times 15\,\mu$) dans le liquide filant d'une rhinorrhée. On peut dire que tout l'organisme en est infesté.

Infestation et infection font deux. L'infection n'a pas été recherchée au moyen des séro-réactions. Je la tiens néanmoins pour probable et voici pourquoi. Le *B. coli* paraît inoffensif pour le porc, son hôte habituel, tandis que les singes sont terrassés par ses attaques inopinées. Brooks (1902) lui impute la destruction des orangs-outangs du jardin zoologique de New-York. Les macaques lui paient un lourd tribut dans les élevages de Saïgon d'après Noc, de Paris d'après Brumpt. Il semble que les porcs jouissent d'une immunité acquise grâce à une cohabitation séculaire. La violente réaction des singes produit sans doute des anticorps insuffisants pour triompher du mal.

L'homme est aussi désemparé en face de l'Infusoire. Strong relève 35 décès sur 117 cas connus, soit 30 %. Cette statistique effroyable ne peut être acceptée sans réserve. Elle serait certainement modifiée si l'on enregistrait les cas bénins ou insoupçonnés. Et puis n'y a-t-il pas quelque naïveté, en présence d'une mort de cause inconnue, de se tirer d'embarras en rejetant tous les torts sur un parasite sûrement redoutable, mais pas à ce point ?

## Amibiens

L'*Entamœba dysenteriæ* est l'agent habituel de la dysenterie endémique, répandue dans les pays chauds, d'où elle est fréquemment importée en France et en Angleterre par les étrangers, les coloniaux rapatriés, qui la propagent parfois dans un cercle restreint. On ne confondra pas la dysenterie amibienne avec la dysenterie épidémique d'origine bactérienne.

Le premier symptôme mettant sur la voie du diagnostic est la fréquence des selles muqueuses, d'abord pénibles, réduites à un crachat rectal, puis sanglantes, de plus en plus fréquentes. Ces selles dénotent une inflammation suivie d'ulcération de la muqueuse intestinale.

Par sa locomotion qui a le caractère des mouvements amiboïdes, l'*E. dysenteriæ* (fig. 64) rampe sur les surfaces ; en les recouvrant à mesure qu'il multiplie le nombre de ses cellules, il entrave les échanges ; il envahit progressivement une étendue croissante de la muqueuse de tout le gros intestin, passe à l'iléon et jusqu'au duodénum.

Il ne se borne pas à tapisser la surface ; il est capable de s'introduire dans les tissus et de forer les assises membraneuses à l'aide de ses pseudopodes qui trouvent un point d'appui sur la masse moins mobile du reste de la cellule. Dopter (1905), examinant des coupes de paroi intestinale d'un chat sacrifié dès l'apparition de la première selle muco-sanguinolente, constate une petite brèche ouverte entre les cellules épithéliales écartées (fig. 65 b) Les *Entamœba* qui se sont frayé ce passage sont suivis de là jusqu'au tissu conjonctif sous-épithélial gonflé ; on en voit au contact des anses profondes des glandes de Lieberkühn (fig. 65, *a*) dont les parois sont dégénérées comme le pourtour de la brèche. Ces glandes sont envahies *a tergo* et finalement

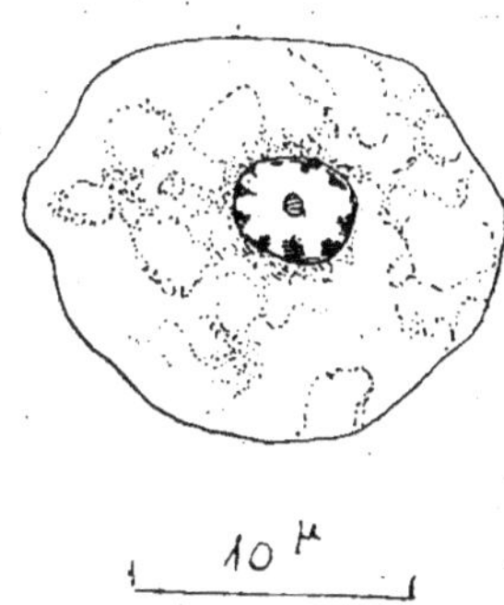


Fig. 64. — *Entamœba dysenteriac.* Original. (Gr. : 2.300).

bourrées d'amibes. C'est ce qui faisait croire à Jürgens (1902) que ces culs-de-sac sont les couloirs par où s'introduisent les parasites.

L'invasion rencontre une barrière dans la muscularis mucosae (fig. 65,

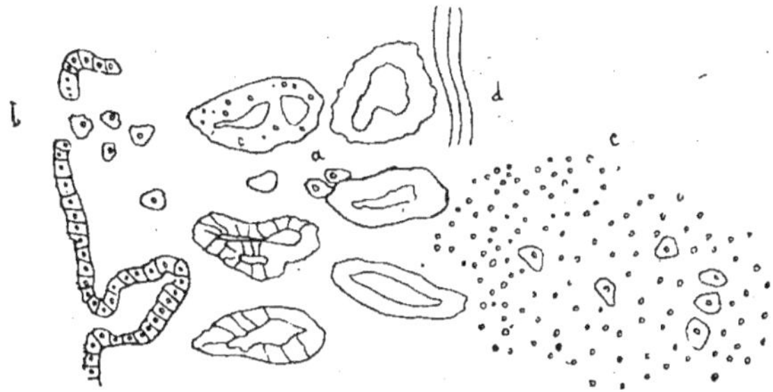


Fig. 65. — *Entamœba dysenteriæ* pénétrant dar la brèche (*b*) dans la muqueuse intestinale du chat et envahissant *a tergo* (*a*) les glandes de Lieberkuhn ; *c*, follicule clos interrompant la musculaire (*d*) de la muqueuse. D'après Dopter.

*d*) ; l'obstacle est franchi au niveau des follicules clos (fig. 65, *c*) qui l'interrompent et exercent sur les Amibes une véritable attraction. Les parasites se multiplient en abondance dans la sous-muqueuse œdématiée et hyperémiée ; on les observe à l'intérieur des petits vaisseaux de cette zone ; ils progressent plus vite dans la profondeur et déterminent autour d'eux des foyers de nécrose.

Ces résultats expérimentaux expliquent des observations faites sur l'homme par Dopter lui-même dans deux cas terminés en pleine évolution par la mort, puis par Lynch (1910), Hammerschmidt (1919).

Le transport passif par la circulation joue un grand rôle dans la généralisation de la maladie. L'*Entamœba dysenteriæ* pénètre dans les racines que la veine porte enfonce dans la sous-muqueuse de l'intestin (Dévé), dans les veines du côlon (Kofoid, Boyers et Swezy) ; la circulation le charrie au foie, et, par le cœur, au poumon, à la rate, à l'encéphale ; la moelle des os est envahie dans des cas d'arthrite déformante étudiés par Kofoid et Swezy (1924). On tend à imputer à l'*E. dysenteriæ* la maladie de Hodgkin, lymphomatose chronique ou pseudo-leucémie au cours de laquelle l'Amibe fut décelée dans les ganglions inguinaux.

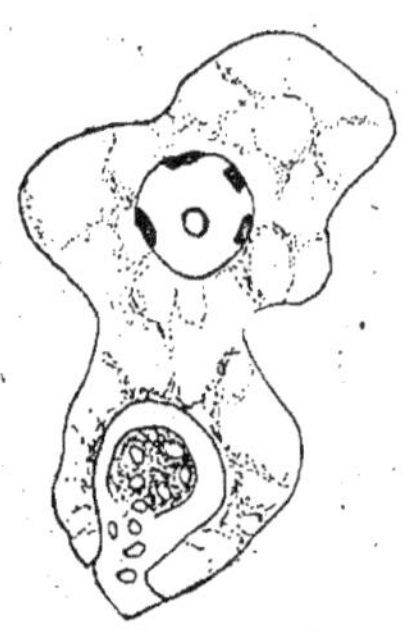

Fig. 66. — *Entamœba dysenteriæ* ayant englobé des débris de cellules hépatiques. Original.

L'*E. dysenteriæ*, de même que les Infusoires, sécrète des protéases dissolvant à son contact des cubes de blanc d'œuf ou des parcelles albuminoïdes. Il digère les globules sanguins, les débris de cellules hépatiques (fig. 66) ou autres corpuscules englobés. Cette action protéolytique se traduit par la nécrose caractéristique des lésions de dysenterie amibienne. Les prétendus abcès du foie renferment un amas de cellules nécrosées dans une poche intacte ; les *Entamœba* sont logés dans la paroi de la poche, à la limite de la masse nécrosée et de la zone vive. On ne trouve pas de pus dans les faux abcès amibiens, tant que la maladie n'est pas compliquée par des bactéries pyogènes colportées ou introduites par son propre agent. Du foie, l'Amibe gagne le poumon à travers le diaphragme. G. Caussade et Tardieu (1925) observent, à l'autopsie d'un colonial rapatrié à Paris, un foyer gangréneux évoluant depuis sept ans dans le lobe inférieur du poumon droit ; les parois contenaient l'Amibe dysentérique. L'autopsie fit découvrir un faux abcès unique du foie. Il s'agissait de localisations secondaires et chroniques d'une dysenterie dont les manifestations intestinales avaient depuis longtemps disparu.

Edna Hannibal Wagener (1924) transmit l'*E. dysenteriæ* à trente chats dans une série de passages poussée jusqu'au cinquième terme. Le sérum des chats injectés depuis plus d'une semaine est précipité par un antigène provenant du raclage d'ulcères de jeunes chats ; cette réaction démontre que l'*Entamœba dysenteriæ* est un Protozoaire infectieux.

## Monadiens

L'action du *Trichomonas intestinalis* est établie dans de nombreux cas de dysenterie endémique. D'après une statistique dressée par Anderson, la dysenterie des îles Andaman (archipel du golfe du Bengale à l'est de Ceylan) relèverait le plus souvent de ce Monadien. Sur 920 cas, il trouve le *Trichomonas* avec l'*Entamœba dysenteriæ* dans 459 ; ce dernier est seul dans 197 cas, le *Tr. intestinalis* est l'unique agent décelé dans les 264 autres.

Escomel (1913, 1914) impute au *Tr. intestinalis* une dysenterie qui régnait à Arequipa, ville du Pérou. Un réservoir d'eau alimentant la population était infesté de *Trichomonas*. L'endémie disparut à la suite de la réfection et du curage du réservoir. L'argument n'était pas sans force ; mais l'examen des selles des malades avait fourni, outre les Monadiens, des *E. dysenteriæ* qui avaient certainement la même provenance et disparurent en même temps qu'eux, sans compter le *Balantidium coli*, qui ne cause pas de vraie dysenterie. Escomel ne se tint pas pour battu. Non content de reproduire la dysenterie chez le chien en lui faisant avaler les selles des malades, ce qui soulevait la même objection, il fit des cultures pures de *Tr. intestinalis* dans un bouillon de laitue et les fit boire au chien : la diarrhée produite avait la même allure dysentérique.

Le *Trichomonas intestinalis* mesure 10-18 sur 7-13 $\mu$. Son extrémité antérieure se prolonge d'ordinaire par trois fouets libres et un fouet récurrent soulevant une membrane ondulante qu'il dépasse en arrière en se libérant. La membrane ondulante mentionnée précédemment chez les Trypanosomes a une origine analogue, avec cette différence que le fouet rampant sous le périplaste s'enfonce sans changer de direction et se termine en avant. Dans un cas comme dans l'autre la membrane ondulante augmente la vigueur du mérozoïte et son pouvoir de pénétration dans les tissus. La membrane ondulante du *Tr. intestinalis* est renforcée par une côte de soutien restreignant les déformations résultant de la contractilité. Le *Tr. vaginalis* dépourvu de côte de soutien offre des déformations désordonnées et semble inapte à affronter l'obstacle. Il est peu redoutable.

Le *Tr. ardindelteili* découvert à Alger dans le service du Dr Ardin-Delteil, revu à Calcutta et en Californie, est encore plus robuste que le *Tr. intestinalis* : il a généralement 4 fouets libres. Cultivé en milieu additionné de sang par Kofoid et Swezy, il avale les hématies respectées par son congénère. Dans la première observation algérienne, une dysenterie chronique suivit des accidents d'angiocholite. Le *Tr. ardindelteili* se présente comme agent dysentérique.

Au cours du parasitisme, les deux espèces se nourrissent d'hématies. Il est probable qu'elles utilisent ce pouvoir protéolytique pour envahir les tissus ramollis.

## Trypanosomiens

La membrane ondulante des *Trypanosoma* leur donne la force de sortir des cellules où ils se sont multipliés sous forme grégarinienne et de forcer la paroi des vaisseaux sanguins ou lymphatiques. Dans le sang, ils provoquent la fièvre, l'hypertrophie de la rate, éventuellement du foie, du corps thyroïde, etc., des phénomènes éruptifs. Leur pénétration dans les lymphatiques entraîne des troubles nerveux particulièrement impressionnants dans le mal du sommeil causé par le *Trypanosoma gambiense* ou le *Tr. rhodesiense*. Le mal du sommeil est une affection tardive dépendant d'une maladie générale nommée nélavane ; il succède à une période fébrile, de même que, dans l'avarie, la paralysie générale est consécutive à la syphilis. On distingue la nélavane tropicale causée par le *Tr. gambiense* et la nélavane sud-africaine due au *Tr. rhodesiense*. La première est la plus célèbre ; son premier stade est la fièvre de Gambie, séparée de la phase torpide par une guérison apparente. Il arrive que des sujets contaminés en Afrique voyagent sans méfiance ; c'est ainsi que l'explosion du mal du sommeil éclate en Europe (France, Angleterre, etc.). Aux Etats-Unis d'Amérique, Lewis (1926) en a vu sept cas en trois ans. Il suffit d'être averti que le mal du sommeil ne marque pas le début de la maladie pour écarter la crainte de voir le *Tr. gambiense* se propager et créer des foyers épidémiques loin de sa patrie et des mouches piqueuses (*Glossina palpalis*, congénère de la mouche tsé-tsé, *Gl. morsitans*) qui sont ses hôtes attitrés.

Les Trypanosomes ne s'attaquent pas directement aux cellules nerveuses, mais à l'appareil lymphatique qui les nourrit ; ils abondent notamment dans les lymphatiques entourant les vaisseaux qui s'enfoncent dans la substance blanche de la moelle épinière, du bulbe rachidien, du pont de Varole, du lobe frontal. Leur présence dans le liquide céphalo-rachidien, décelée à la suite de la ponction lombaire, indique la voie qui leur permet d'atteindre les centres nerveux et, en les altérant par l'intermédiaire du liquide nourricier, de déterminer les symptômes de somnolence et de torpeur.

Nous comprenons ainsi qu'un même parasite provoque, selon les localisations successives résultant de son pouvoir pénétrant, des tableaux cliniques aussi dissemblables que la fièvre de Gambie ou le mal du sommeil.

Bien que les séro-réactions n'aient pas fourni de résultats nets dans les nélanaves, les trypanosomatoses sont des maladies infectieuses, dont une première atteinte confère une immunité durable, lors même qu'elle ne s'est traduite que par une lésion bénigne, aussi limitée que la vaccine. Dans la maladie de Chagas, causée au Brésil par le *Tr. cruzi*, Lacoste (1927) obtient la fixation de l'alexine en prenant pour antigène la rate d'un chien infecté. Les *Trypanosoma* sont donc des Protozoaires infectieux.

Les *Leishmania* tels que le *L. tropica* qui n'ont pas le moyen de pénétrer dans les cellules, sont sans doute incapables de s'introduire activement entre les éléments des tissus. Il y est suppléé par les phagocytes qui, après les avoir englobés, rentrent dans la circulation lymphatique et même sanguine, car le *L. tropica* a été observé dans le sang périphérique.

Le *L. tropica* est d'ordinaire inoculé dans la peau par la piqûre d'un Diptère Nématocère de la famille des Psychodidés et du genre *Phlebotomus*. Au point piqué se développe un nodule en général unique, s'évanouissant dans l'année. C'est le bouton d'Orient ou bouton d'un an, que l'on prendrait volontiers pour la manifestation d'une maladie locale. Des espaces lymphatiques d'où émerge le bouton, on voit partir quelquefois des cordons lymphangitiques sur lesquels sont échelonnés des nodules secondaires. Parfois ceux-ci forment un groupe satellite escortant le bouton primitif ; parfois au contraire la dissémination est telle, qu'on a compté jusqu'à 174 boutons chez un même sujet. Il est à noter que, chez l'homme, les lésions multiples restent limitées à la peau, tandis que l'inoculation à la souris amène des désordres viscéraux rappelant le kala-azar causé par le *L. donovani*. Dans tous les cas, le parasite est semé loin de son siège initial par les globules blancs qui, après l'avoir colporté sans le digérer, le déposent intact.

Le bouton d'Orient n'est pas seulement une maladie générale ; c'est une infection. Wagener (1923) obtient l'agglomération des cultures de *L. tropica* avec du sérum de lapin préparé par quatre injections de cultures de la même espèce, additionnées de 0,25 % de phénol. La cutiréaction est obtenue chez des lapins immunisés ; 24 heures après l'injection dans la peau, d'un extrait alcalin de culture, il se produit une papule atteignant, 24 heures plus tard, son diamètre maximum de 5-7 mm. avec centre éburné ; il y a ensuite induration et croûte. Les témoins ne présentent qu'un point rouge, non centré de blanc.

Le *L. brasiliensis* est une espèce biologique, morphologiquement indistincte du *L. tropica*. C'est l'agent de la leishmaniose américaine qui se distingue par des ulcérations de la peau et des muqueuses, envahissant le nodule lui-même. La lymphangite est habituelle. Dans le pian-bois de la Guyane, œuvre du *L. brasiliensis*, le derme épaissi renferme des cordons indurés de lymphangite partant des boutons ulcérés. Comme dans le bouton d'Orient, les parasites sont répandus par voie lymphatique grâce à l'entremise des globules blancs.

## Sporozoaires

Nous n'avons pas à revenir sur la pénétration des Hémosporidies dans les globules sanguins de l'homme. Rappelons seulement ici que, chez les moustiques du genre *Anopheles*, les *Laverania* traversent activement la paroi stomacale au stade d'oocinète, l'enveloppe des glandes salivaires au stade de sporozoïte.

Deux genres de la famille des Sarcosporidies sont représentés chez

l'homme chacun par une espèce. Le *Sarcocystis tenella* vit dans le foie,
plus souvent dans le tissu conjonctif ou le faisceau primitif des muscles
striés (fig. 67). Les kystes de *Rhinosporidium seeberi* furent observés dans
les polypes du nez et des oreilles, au sein du tissu conjonctif. Parodi (1926)
l'a vu par exception dans les cellules ; il est incapable d'y pénétrer activement, car, avant de s'enkyster et de se diviser, le mérozoïte, mesurant
3-6 μ, est revêtu d'une membrane ferme empêchant la déformation et les mouvements amiboïdes. L'introduction dans les tissus abritant les kystes n'est réalisable que par transport passif.

Aucun signe d'infection n'est connu chez les hôtes des Sarcosporidies. Pourtant Rievel et Behrens (1903) reconnurent que l'extrait des vésicules d'un *Sarcocystis* du Lama tue un lapin en quelques heures. Le principe actif est un enzyme qui se localise dans le cerveau. Un extrait du cerveau du premier lapin, injecté sous la peau d'un autre lapin, amena la mort en 3 jours avec les mêmes symptômes (paralysie du train postérieur ; mort sans agonie) : L'enzyme ne tue plus s'il a été dilué à 1 : 300 ; on peut sans préjudice injecter de 2 en 2 jours des dilutions décroissantes à 1 : 200,

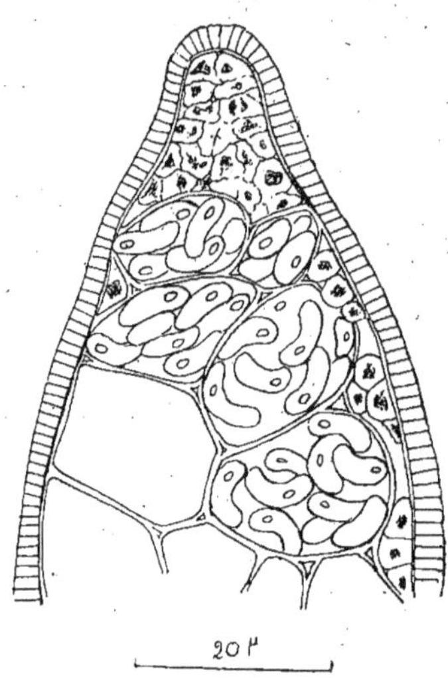


Fig. 67. — Sarcocystis tenella. Logé dans les cordes vocales d'un supplicié (Original). (Gr. : 1.150).

1 : 100, 1 : 75, 1 : 50, 1 : 25. L'animal est prémuni ; il a donc réagi en produisant les anticorps spécifiques qui caractérisent l'infection. On peut en
conclure que les *Sarcocystis* sont virtuellement des animaux infectieux,
auxquels il ne manque que l'occasion pour manifester leur pouvoir au cours
des maladies naturelles.


## Pseudobactéries


**Spirochétidés.** — Le *Spirochæta ictero-hemorragiæ*, introduit par
la bouche avec les boissons, les aliments souillés, ou au moyen des mains
des gens qui se baignent dans l'eau contaminée des rivières ou des piscines,
traverse la muqueuse intestinale et pénètre dans la circulation qui le distribue aux organes ; du rein il s'échappe dans l'urine. Les *Sp. ictero-hemoglobinuriæ*, *hebdomadis*, ne se comportent pas autrement.

Les *Spirochæta buccalis* et *Sp. dentium* vivent communément en saprosites dans la cavité buccale. Kritchewsky et Séguin (1925) trouvèrent, dans des angines, ces espèces associées à une bactérie anaérobie qui détermine la putridité et la fétidité de ces angines. J. Sabrazès (1926) les rencontre dans les matières fécales des typhoïdiques, où ils abondent surtout pendant les deux premiers septenaires. On ne leur connaît pas d'action nocive, bien que leur agglomération jusqu'au taux de 1 : 40 dénote une légère réaction infectieuse.

Le *Borrelia vincenti* (*Spirochæta vincenti* R. Blanchard, 1906) fut découvert dans une angine fétide bien connue sous le nom d'angine ulcéro-membraneuse de Vincent. D'ordinaire, le *B. vincenti* forme des filaments onduleux très agiles, d'une extrême finesse, longs de 10-20 µ, faiblement colorés par le bleu de méthylène, ne gardant pas la coloration par le procédé de Gram. Les essais de culture ont échoué, si nous négligeons une vague assertion de Vincent (1927) qui confond souvent d'autres espèces avec la sienne. Le

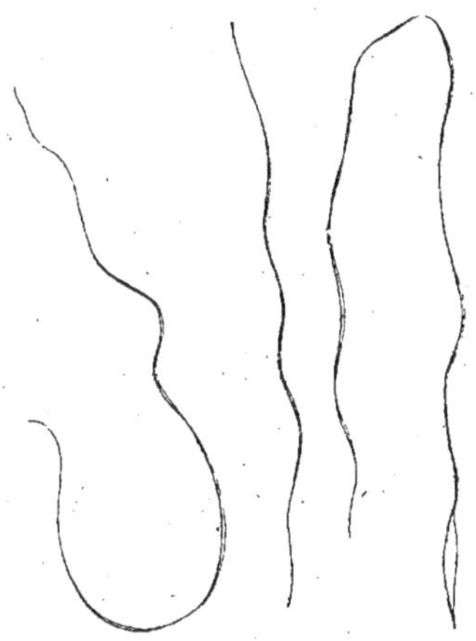

Fig. 68. — *Borrelia vincenti*. Formes spirilloïdes dont l'une a un bout fusiforme. Original.

*Borrelia* a des formes épaissies, raccourcies ; à l'examen direct de l'enduit des ulcères, j'ai observé des prolongements fusiformes en continuité avec les filaments onduleux, aussi transparents que le reste (fig. 68).

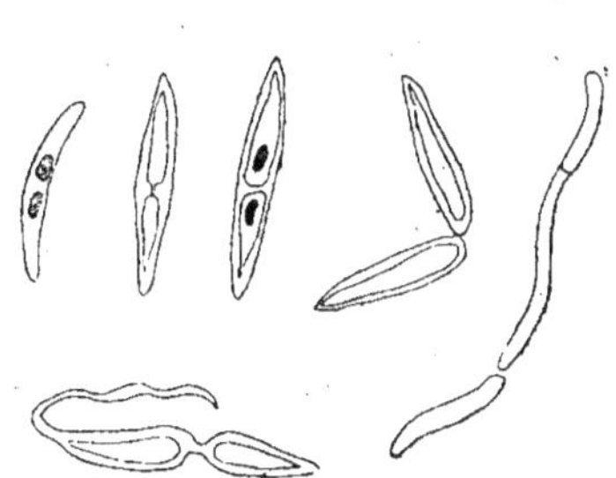

Fig. 69. — *Mantegazzea hastilis*. Original.

Vincent remarqua l'association habituelle du *B. vincenti* avec une bactérie immobile qu'il nomma Bacille fusiforme. La mobilité caractérisant le genre *Bacillus*, le nom légitime de cette bactérie est *Mantegazzea hastilis*. Elle a la forme d'un fuseau droit ou arqué (fig. 69), mesurant 5-10 µ sur 0,6-1 µ à l'équateur. Les cultures prospèrent surtout en milieu anaérobie à 37° et répandent l'odeur fétide caractéristique de l'angine ulcéro-membraneuse.

Vincent attribuait son angine à une infection fuso-spirillaire, puis fuso-spirochétienne, jusqu'à ce qu'il se décidât à considérer Spirochètes et fuseaux comme deux états du même Héliconème. Ruth Tunnicliff (1911) croyait saisir dans les cultures le passage du fuseau à la forme spirochétienne. Le fait est que le *Mantegazzea* s'allonge parfois en filament rectiligne. C'est la réciproque de mon observation sur le *Borrelia* ; mais le *Mantegazzea* allongé reste immobile, tandis que le prolongement fusiforme du *Borrelia* partage la mobilité du filament. De nouvelles observations de Ruth Tunnicliff (1919) confirment l'indépendance du Protozoaire et de la bactérie.

Ruth Tunnicliff avait vainement essayé de produire expérimentalement la gangrène chez des animaux sains au moyen du *B. vincenti* associé au *M. hastilis*. Cet échec s'explique par l'incapacité du *Borrelia* à s'implanter sur des tissus intacts. Kline (1923) produit, chez des lapins et des cobayes, une altération, soit de la peau en l'écrasant entre les mors d'une pince à forcipressure, soit de la trachée, des bronches et des poumons par une injection brutale de l'enduit pharyngien d'une angine de Vincent, ou de l'exsudat d'un poumon gangréné, ou de pus d'origine dentaire ; la peau écrasée est badigeonnée des mêmes produits. Kline obtient ainsi la gangrène de la peau ou des poumons. La lésion qui prépare le terrain au *Borrelia vincenti* peut résulter d'un traitement par des agents physiques tels que l'émanation du radium dans le cancer (Regaud et Mutermilch), ou chimiques : stomatite bismuthique compliquée de gangrène (Azoulay). L'altération préalable résulte d'une maladie : syphilis (Manouélian), dysenterie (de Lavergne et Florentin), fièvre typhoïde (Sabrazès), gengivite (Kritchewsky et Séguin).

En suivant la marche de la lésion, Ruth Tunnicliff (1919) vit l'inflammation devancer la nécrose. Le *Borrelia* prend les devants ; il accentue une inflammation préexistante de cause banale. Il est seul dans les couches profondes, tant qu'elles en sont à la période inflammatoire ; il s'ensuit que le *Borrelia* ne rencontre pas de résistance à sa pénétration dans les tissus enflammés, dont il ébranle la vitalité. Les tissus à demi mortifiés forment un terrain favorable au *Mantegazzea*. Grâce à ses préférences anaérobies, la bactérie pullule au centre des lésions avancées ; Vincent (1927) reconnaît que les *Borrelia* sont relégués à la périphérie. Sergent, qui aime les comparaisons militaires, y voit les fourriers de l'infection. L'expression est pittoresque, le Protozoaire aménage les cantonnements des bactéries ; je ferai seulement observer que le *Mantegazzea* est un agent, non d'infection si nous nous reportons au sens biologique du mot, mais de putréfaction ; il donne le coup de grâce aux tissus altérés en produisant leur décomposition fétide, phénomène cadavérique.

Associé au *Mantegazzea hastilis* ou à d'autres bactéries anaérobies, le *Borrelia vincenti* ou ses congénères, aussi bien que d'autres Spirochétidés, cause d'autres lésions gangréneuses que l'angine de Vincent : pourriture d'hôpital, ulcère phagédénique des pays chauds, otites moyennes, pleurites purulentes, ulcères des bronches, gangrène pulmonaire. Dans ces divers cas, le rôle des Spirochétidés se borne, par leur action pénétrante, à préparer les voies aux bactéries putrides.

Le *Borrelia bronchialis* est l'agent de la bronchite sanglante de Castellani ; découvert à Ceylan, il fut retrouvé en Asie, en Afrique, en Amérique. En

Europe, il fut reconnu pendant la guerre de 1914-1918, et sa présence fut attribuée à une importation par des contingents exotiques, jusqu'à ce que Pagniez et Ravina publièrent l'observation d'une malade atteinte depuis 1908, bien qu'elle n'eût séjourné dans d'autre pays que la France, la Belgique et la Suisse.

Le *B. bronchialis* est un peu plus gros et moins long que le *B. vincenti* ; contrairement à ce dernier, il est insensible aux colorants ; il devient perceptible par imprégnation à l'argent ou étalement dans une goutte d'encre de Chine. L'inflammation qu'il détermine en s'enfonçant dans la muqueuse des bronches, provoque une suffusion sanguine ; il abonde dans des crachats homogènes, souvent rosés, rappelant la gelée de groseilles diluée. La vitalité des tissus envahis est plutôt exaltée qu'amoindrie, en sorte que le *B. bronchialis* ne prépare pas le terrain aux agents de putréfaction. La bronchite sanglante n'est pas fétide, même dans ses formes chroniques. Elle n'entraîne pas la mort par elle-même ; il faut tenir compte d'affections concomitantes. Sabrazès (1923) trouva le *Mantegazzea hastilis* avec le *B. bronchialis*. Cette association n'est pas pour nous surprendre, puisque la bactérie fusiforme est un saprosite banal ; on s'étonnerait à plus juste titre de sa rareté, s'il n'était établi que, contrairement au *B. vincenti*, le *B. bronchialis* n'est pas l'auxiliaire du *Mantegazzea*.

Le *Treponema pertenue* est difficile à distinguer du *Tr. pallidum*, si ce n'est, d'après Martin Mayer (1907), qu'il est réfractaire au nitrate d'argent en présence de la pyridine, préconisé par Levaditi et Manouélian (1906) pour imprégner ce dernier. Il est l'agent du pian, maladie infectieuse répandue dans les pays chauds. L'attention est d'abord retenue par une lésion superficielle, circonscrite, papillome rouge de framboise appelé *frambœsia tropica*, ayant, comme le bouton de la leishmaniose brésilienne, une tendance à s'ulcérer. On était porté à ranger le pian, de même que le bouton d'Orient, au nombre des maladies locales ; la généralisation des deux maladies est aujourd'hui un fait bien établi. Grâce à son pouvoir pénétrant, le *Tr. pertenue* s'introduit dans la circulation ; on le voit dans le sang ; le pian est transmis par le liquide de ponction splénique, le suc des ganglions, la moelle osseuse. Quand le papillome initial se dessèche, on voit parfois le même processus se renouveler en d'autres points, aussi bien que les boutons d'Orient causés par le *Leishmania tropica*.

Les accidents tertiaires du pian simulent ceux de la syphilis. Outre les nodosités juxta-articulaires, causées par les deux *Treponema*, nous trouvons, au compte du *Tr. pertenue*, une rhinopharyngite mutilante appelée *gangosa*, débutant par une périostite des os nasaux. Le *goundou* est une ostéite pianique hypertrophiante, produisant des tumeurs osseuses siégeant en général de chaque côté du nez, mais pouvant atteindre d'autres os et même la majeure partie du squelette. Le *Tr. pertenue* est donc un parasite des plus envahissants.

* * *

**Rickettsidés**. — La fièvre fluviale du Japon, que les Japonais appellent tsutsugamushi, a pour agent le *Rickettsia tsutsugamushii* (Syn. : *Theileria tsutsugamushi* Hayashi 1920). C'est une fièvre à tiques comme la maladie tachetée des Montagnes Rocheuses. L'éruption est papuleuse ou vésiculeuse. Le parasite japonais est inoculé par une larve de rouget, Acarien de la famille des Trombididés.

Ishiwara et Ogata (1923) observent, dans les ganglions lymphatiques des victimes de la fièvre fluviale, des corpuscules de 0,1 µ à 2,15 µ, ronds, en paire, en chaînette, rarement vésiculeux, colorés sur les coupes en rouge-violet par l'azur-éosine de Giemsa, en brun foncé par les réactifs de Heidenhain ou de Dalefield ; après mordançage, ils prennent le violet de gentiane et la fuchsine phéniquée. On retrouve ces Protozoaires dans les tissus des singes inoculés avec le sang des malades. Des cultures ont été obtenues du sang prélevé à l'acmé de la maladie.

Le *Rickettsia*, retrouvé par Sellards (1923), se répand en pénétrant dans la circulation sanguine et lymphatique.

# CHAPITRE IX

# ANIMAUX PASSANT DE LA MÈRE AU FŒTUS
## PARASITISME CONGÉNITAL

Une conséquence remarquable du pouvoir pénétrant des parasites est leur passage de la mère au fœtus au cours de la vie intra-utérine. Des animaux de divers groupes, traversant le placenta, causent le parasitisme congénital dont on a relevé des exemples parmi les Métazoaires et les Protozoaires qui attaquent l'homme.

### Métazoaires

Le parasitisme congénital est connu chez les Nématés, et parmi les Cestodes chez les Ténias au stade de larve ou de strobile.

* * *

**Nématés.** — Les œufs d'*Ascaris lumbricoides* éclosent dans l'intestin ; les larves qui en sortent traversent aussitôt la paroi et, par voie lymphatique arrivent dans la veine cave inférieure et le cœur qui les lance par l'artère pulmonaire dans les poumons où elles font habituellement relai avant de rentrer dans l'intestin ; le poumon ne les retient pas nécessairement ; reprises par les veines pulmonaires, elles reviennent au cœur et la grande circulation les disperse dans divers organes. Par l'artère utérine, ramification de l'iliaque interne, branche terminale de l'aorte, les larves d'*Ascaris* arrivent de la mère au fœtus à travers le placenta et le cordon ombilical. On a trouvé des larves d'Ascaride dans le poumon et l'intestin des fœtus.

* * *

**Ténias.** — Les embryons du *Tænia echinococcus* présentent des migrations analogues à celles des larves d'Ascarides. Après avoir, à l'aide de leurs six crochets, traversé la muqueuse, soit de l'estomac, soit de l'intestin, ils parviennent, soit par les branches d'origine de la veine porte, soit par voie lymphatique, dans divers organes. Heyfelder a trouvé des hydatides dans le placenta et le cordon ombilical. Ainsi s'explique une ancienne observation de Cruveilher qui trouva des hydatides chez un enfant de douze jours. Evidemment le nouveau-né n'avait pas puisé le germe dans ses aliments, car si, par aventure, il avait avalé de l'eau contaminée, les embryons auraient exigé des mois pour produire des larves hydatiques ; le parasite lui avait été transmis au cours de la grossesse par sa mère infestée par voie digestive.

Müller, de Tübingen, fit rendre, en 1830, un Ténia d'un demi-mètre à un enfant de cinq jours. En 1871, Armor, de Brooklin, vit un enfant, aussi de cinq jours, rendre par l'anus des proglottis mûrs de *Tænia solium*. Rien ne s'oppose à ce que le cysticerque se développe dans le placenta et, comme l'échinocoque, arrive au fœtus par le cordon ombilical et développe son strobile dans l'intestin. Redon (1877), ayant ingéré un cysticerque, commença à éliminer des fragments de strobile trois mois plus tard. L'observation d'Armor s'explique par l'arrivée du cysticerque dans l'intestin du fœtus au sixième mois de la gestation ; l'invasion put être plus tardive dans l'observation de Muller, car un strobile d'un demi-mètre est plus jeune que celui qui se fragmente.

## Flagellates dérivés. Trypanosomiens

Low et Cooke (1926) trouvent le *Leishmania donovani* en abondance dans la rate hypertrophiée d'un enfant de dix mois, né en Angleterre d'une mère qui avait contracté le kala-azar à Calcutta.

Kellersberg (1925) rencontre au Katanga le *Trypanosoma gambiense* chez un nouveau-né. Le *Tr. cruzi* passe aussi de la mère au fœtus. Nattan-Larrier (1928) rappelle des expériences qu'il fit en 1912 et 1913 et publia en 1921. Onze femelles de souris pleines furent inoculées ; des Trypanosomes furent décelés dans le sang des fœtus de deux de ces souris et dans le liquide amniotique de deux autres. Peu après, Chagas, dans une conférence à l'Institut Pasteur, décrivit les lésions observées chez l'enfant nouveau-né. A défaut de placentas de femme, Nattan-Larrier s'adresse aux cobayes inoculés. Sur de nombreux points, les bandes plasmodiales qui limitent les vaisseaux maternels sont envahies par les *Tr. cruzi* du type grégarine rond ou ovale en voie d'active division. Plusieurs travées plasmodiales envahies confluent en nodules mesurant deux tiers de millimètre sans être jamais enkystés. Ces nodules siègent dans la région maternelle d'un cotylédon ; il en part des fusées parasitaires essaimant dans le sang fœtal.

## Sporozoaires

Parmi les Sporozoaires, retenons les Hémosporidies du genre *Laverania* qui causent les maladies paludéennes. Brindeau (1926) signale une française impaludée au Maroc au troisième mois de la grossesse. Elle revint faire ses couches à Paris ; l'enfant, né à terme, est bien portant jusqu'au vingt-quatrième jour ; à ce moment, il offre une ébauche d'accès, suivie, le surlendemain, d'un accès fébrile violent avec assez nombreux *Laverania vivax* dans le sang ; le thermomètre marque 40° ; il y a cyanose, état de mort apparente ; la guérison fut obtenue par la quinine en suppositoire. Une seule objection se pose : le parasite n'a-t-il pas été transmis après la naissance ? Aucun fait n'indique la présence des *Laverania* dans le lait. Les *Anopheles*, intermédiaires naturels entre les malades et les sujets sains, ne sont pas à craindre à Paris en hiver ; c'était le cas. On peut conclure que le parasite contracté en Afrique par la mère a passé au fœtus à travers le placenta et le cordon ombilical.

Le paludisme congénital est moins commun que ne le ferait prévoir la fréquence des *Laverania* dans le placenta. A Sierra-Leone, Blacklock et Gordon (1925) trouvent des rosaces de *L. falcipara*, sans corps en croissant, dans le placenta de 36 % des femmes indigènes récemment délivrées. Pourtant les mères ne semblent pas malades et, chez beaucoup d'entre elles, la recherche des parasites dans le sang périphérique est négative. Quelques enfants périssent avant terme ; mais un certain nombre de nouveau-nés sont indemnes. Malgré l'envahissement du placenta, Blacklock et Gordon n'ont décelé de parasites, ni dans les vaisseaux ombilicaux, ni dans le sang des nouveau-nés. Van den Branden (1927), à Léopoldville, trouve le *L. malariae* dans un seul placenta sur 31 provenant de femmes atteintes de *L. malariæ* ou *falcipara*.

Les observations de Weselke (1926), en Dalmatie, fournissent des preuves de paludisme congénital dans 14 cas, dont 8 à *L. falcipara*, 3 à *L. vivax*, 2 à *L. malariæ*, 1 indéterminé. Le parasite fut trouvé 6 fois dans le placenta d'apparence normale, 3 fois dans le cordon ombilical. Tous les nouveau-nés avaient la rate et le foie hypertrophiés ; 6 étaient ictériques ; 5 moururent de 2 à 48 heures après la naissance avec des convulsions cloniques et toniques dans des cas de *L. falcipara* ; les autres furent guéris par une émulsion sirupeuse d'euquinine (une cuillerée à café trois fois par jour).

## Pseudobactéries

Parmi les Pseudobactéries, bornons-nous à citer le *Treponema pallidum*. On parle beaucoup d'hérédo-syphilis comme d'hérédo-tuberculose. Ces termes ne sont pas rigoureusement exacts. Les ascendants des deux sexes transmettent à leur postérité des tares héréditaires qui sont l'œuvre directe du *Treponema* et plus encore des délabrements connexes qu'A. Fournier distingue de la maladie sous le nom de parasyphilis. La transmission de la syphilis avec son agent n'est pas héréditaire : elle peut être congénitale. Au cours de la vie intra-utérine, le *Treponema* peut être transmis au fœtus, à travers le placenta, par la mère qui, elle-même a pu être contaminée par son conjoint. Un enfant naît syphilitique, s'il héberge le *Treponema palli-*

*dum*. Il arrive que le parasite ait disparu avant la naissance ; alors le nouveau-né n'est pas à proprement parler syphilitique ; mais il porte les stigmates de la maladie.

Le parasitisme congénital des Pseudobactéries est de règle chez quelques Invertébrés hébergeant les mêmes espèces que les Mammifères, homme compris. Ce sont des parasites potéroxènes adoptant un hôte quelconque.

Le *Borrelia recurrentis* passe dans les œufs du pou ; on le retrouve dans les nymphes ; il se transmet de génération en génération chez l'Insecte ; l'homme n'est qu'un hôte occasionnel.

Un Acarien de la famille des Ixodidés, le *Margaropus annulatus*, transmet au bœuf le *Borrelia theileri*. Ce parasite passe de génération en génération chez la tique ou ses congénères. Des *Margaropus australis*, envoyés en 1915 à Paris de Sâo Paulo (Brésil) ont permis à Brumpt d'inoculer le *B. theileri* aux Bovidés. Des tiques de huitième génération ont donné en 1918 la spirochétose à une vache bretonne.

Dutton et Todd transmirent le *Borrelia duttoni* au singe en le faisant piquer par des *Ornithodorus moubata* (Argasiné). Toutefois les tiques adultes recueillies sur des malades sont inoffensives ; l'inoculation n'a réussi qu'avec leurs descendants, soit au stade de nymphe, soit au stade adulte. Après avoir sucé le sang d'un malade, l'*Ornithodorus* présente des formes spirilloïdes dans l'intestin ; mais leur présence y est éphémère et le tube digestif en est débarrassé avant que la tique soit en appétit pour un nouveau repas. Bientôt en effet, les parasites ont passé dans l'hémolymphe de la cavité générale ; au bout de quelques jours, ils ont disparu de l'hémolymphe ; on les retrouve à la surface des ovaires. R. Koch (1906) les constate dans les œufs et les jeunes embryons. R. Markham Carter (1907) trouve 6 œufs envahis sur 32 ; les parasites semblent s'y multiplier. Tandis que les œufs étaient envahis dans la porportion de 18,75 %, les nymphes ne l'étaient plus que dans celle de 10 %. La transmission congénitale, faible dès la deuxième génération, doit s'éteindre rapidement. Le passage par les Mammifères devient une nécessité ; la première génération ne s'y prête pas ; la seconde y satisfait pleinement. Quelle que soit sa fréquence chez l'homme, le *Borrelia duttoni* a pour hôtes habituels les souris et les rats.

La même espèce fut découverte par A. Léger (1917) et bien étudiée par C. Mathis (1917) à Dakar chez un *Crocidura* ; Ch. Nicolle et Ch. Anderson (1927) la transmettent de la musaraigne aux cobayes et aux rats par l'entremise de l'*Ornithodorus moubata*. L'Acarien adulte n'inocule pas les *Borrelia* par piqûre ; il en renferme cependant, car si on le broie et qu'on inocule le produit de broyage à un rat neuf, on lui transmet le parasite. On le transmet également par la piqûre des nymphes nées de parents infestés ou de nymphes nées d'une mère indemne si on leur a fait sucer au préalable des animaux porteurs de *Borrelia*. Le résultat n'est pas toujours atteint du premier coup, les parasites n'ayant atteint la trompe que pour le second repas.

De Buen (1926) signale, dans le sud de l'Espagne, une fièvre récurrente transmise par les tiques, comme la tick fever africaine. Son agent, var. *hispanica* du *B. duttoni*, lui est morphologiquement identique et s'en distingue par des réactions biologiques d'agglomération et d'immunisation croisée imparfaite.

A défaut d'*Ornithodorus moubata* absent de l'Espagne, de Buen soupçonna l'*O. marocanus* indigène ; il réussit à contaminer le rat par l'intermédiaire de cette tique : Ortega reconnut la transmission congénitale du *Borrelia* espagnol chez l'*O. marocanus*. Nicolle et Anderson (1927) constatent que la tique infestée à l'état nymphal peut inoculer le *Borrelia* lorsqu'elle est devenue adulte. Dès 1926, ils avaient infesté sans peine un Macaque bonnet chinois. Les mêmes expérimentateurs (1928) firent venir du Maroc des *O. marocanus*, recueillis aux environs de Casablanca par Velu sur le sol d'une porcherie rasée depuis six ans. Une centaine de tiques parut indemne ; un lot de dix infesta un rat par piqûres ; l'animal présenta de nombreux parasites semblables à la var. *hispanica*, aussi virulents pour le cobaye.

De toutes ces observations complétées par l'expérimentation, Nicolle et Anderson concluent que, pour l'entretien du virus des fièvres à tiques, le rôle essentiel est joué par les nymphes de tiques et les petits Mammifères (Rongeurs, Insectivores). Les tiques adultes et l'homme jouent un rôle accessoire et récent.

Le danger de la piqûre des nymphes est une conséquence de la transmission des parasites d'un Acarien à sa postérité. Nicolle, Anderson et Colas-Belcour (1928), établissent une distinction entre l'hôte attitré et les hôtes accidentels. La transmission du *Borrelia duttoni* par l'*Ornithodorus moubata*, son transmetteur habituel, se prolonge après plusieurs générations. On a réussi à adapter la var. *hispanica* à la même tique, sans que le passage se poursuive au-delà de la troisième génération.

# CONCLUSIONS

L'infection est une altération de la constitution physico-chimique de l'organisme, provoquée par la réaction des éléments vivants contre l'action des produits des parasites. Aux antigènes d'origine étrangère, l'organisme répond en fabriquant des anticorps spécifiques, c'est-à-dire propres à faire sentir leur action sur les êtres de l'espèce qui a répandu les antigènes. Produits dans les cellules, les anticorps s'en échappent et se répandent dans le sérum. Les séro-réactions servent au diagnostic de l'infection.

Il existe des antigènes toxiques indépendants des parasites tels que les venins des serpents, scorpions, etc., les poisons des Champignons et autres végétaux vénéneux, diverses substances non toxiques qui, de même que les précédentes, amènent la production d'anticorps spécifiques. Sans contester la nature infectieuse de ces phénomènes, nous ne les avons pas compris dans notre sujet.

On fit longtemps de l'infection l'apanage des bactéries. Beaucoup d'entre elles répandent à foison des antigènes, grâce à leur dispersion et à la séparation de leurs plastides. Mais ces conditions ne sont pas essentielles ; elles sont d'ailleurs aussi bien remplies par quelques Champignons et par les Protozoaires dont la nudité favorise les échanges.

Végétaux et animaux comptent des parasites infectieux au même titre que les bactéries, quand ils provoquent la formation d'anticorps, mais ce n'est pas le cas de tous les parasites, qu'ils appartiennent aux bactéries, aux végétaux ou aux animaux.

Les animaux infectieux présentent un intérêt spécial. Leur extrême variété, leurs affinités avec des parasites non infectieux montrent à quel point la production des antigènes est indépendante des dimensions, de la structure, des conditions d'existence, de l'alimentation.

Nous avons vu maint Protozoaire infectieux plus petit qu'une bactérie, filtrant à travers les pores non dilatables d'une bougie en terre d'infusoires (bougies Berkefeld) ou en porcelaine dégourdie non vernissée (bougies Chamberland). Tel est le cas des agents du nagana du bétail, *Trypanosoma brucei* à certains états, de la poliomyélite qui paraît être une Microsporidie du genre *Cytorrhyctes*, du molluscum contagiosum et autres excroissances cutanées, qu'on rattache au même genre.

Parmi les Spirochétidés, le genre *Spirochæta*, quoique le plus robuste, renferme des formes traversant les terres les plus denses, observées chez le *Sp. ictero-hemorragiæ*. Le *Borrelia couvyi* agent de la dengue, débite ses filaments en arthromicrobes filtrants. Il en est de même du *B. kermorganti* des oreillons. La filtrabilité est de règle dans la famille des Rickettsidés. Elle est relevée pour le *Rickettsia prowazeki* du typhus, les *R. scarlatinæ*, *R. morbillosa* de la rougeole, *R. pneumosinthes* de l'influenza.

La filtration indique l'ordre infime de grandeur auquel descendent les agents infectieux ; ils n'en sont que plus aptes à répandre les antigènes qui ne sauraient s'accumuler dans un espace si restreint, non clos d'ailleurs.

Plus nombreux sont les parasites qui, réfractaires à la filtration passive, pénètrent activement dans les masses non poreuses.

Beaucoup de Protozoaires s'introduisent ainsi dans les plastides, sans laisser trace d'effraction dans la membrane dont l'élasticité comble aussitôt la perforation. Nous avons relevé des exemples de parasites intracellulaires parmi les Trypanosomiens, les Sporozoaires des familles des Hémosporidies, des Coccidies, des Microsporidies et, au nombre des Pseudobactéries, les *Borrelia, Treponema, Rickettsia, Grahamella*. L'infection part alors des cellules où les antigènes ont apparu ; elle se répand au loin par la destruction des plastides ou l'exode des parasites.

Cette diffusion des antigènes est seule à considérer quand les parasites pénètrent dans les tissus sans envahir les cellules. Ainsi agissent maints représentants des groupes déjà mentionnés qui font partie des Flagellates dérivés et tout particulièrement les *Trypanosoma* et quelques *Leishmania*, des Flagellates primitifs tels que le *Trichomonas intestinalis*, d'autre part un Amibien, *Entamœba dysenteriæ*, un Infusoire, *Balantidium coli*.

L'action infectieuse des Métazoaires est indépendante de leur pénétration. Beaucoup l'exercent tout en restant cantonnés dans l'intestin ; il suffit que les antigènes résorbés soient répandus par la circulation. Même les larves de Platodes demeurent étrangères aux tissus qui les enveloppent ou les enkystent, si ce n'est qu'elles contractent avec eux une communauté trophique analogue à une gestation.

L'étude de l'infection provoquée par les Métazoaires suggère des vues nouvelles sur la nature essentielle du phénomène que l'on est amené à dégager des complications tenant à la haute différenciation du parasite. Les bactéries, les Protozoaires ont des plastides isolées ; il n'en va guère autrement des Champignons infectieux, car si leurs filaments comptent plusieurs cellules alignées, elles sont toutes en contact avec les liquides organiques. Par contre, chez les Métazoaires aux tissus compliqués, les antigènes sont loin d'émaner constamment des cellules superficielles.

Un fait nouveau qui ne pouvait être discerné par l'étude des Protozoaires infectieux, c'est que l'infection est parfois déclenchée par des antigènes échappés du corps blessé ou mortifié de l'agent pathogène. L'infection a encore comme point de départ le parasite ; mais elle est consécutive au parasitisme de l'Ascaride, du Trichocéphale, du Bothriocéphale du Ténia nain. Il allait sans dire que le parasite agit, non par sa seule présence, mais par les produits dégagés, fonctionnant comme antigènes ; il est désormais acquis que le parasitisme, la vie même de l'être étranger, nécessaire à la production des antigènes, n'est pas indispensable pour répandre dans l'organisme de l'hôte la source de l'infection.

D'autres Métazoaires causent l'infection au cours de leur vie parasite. Les *Schistosomum*, *Tænia* adultes ou larvaires, *Ancylostomum*, *Necator*, nous en ont fourni des exemples.

La connaissance des animaux infectieux permet de serrer de près la question controversée de l'infection héréditaire et de jeter quelque lumière dans le débat obscur. Le parasitisme héréditaire n'existe pas. Une contagion précoce, au cours de la vie intra-utérine, cause souvent un parasitisme congénital pouvant entraîner l'infection avant la naissance.

La part de l'hérédité est bornée à la transmission des anticorps d'une génération à l'autre et, avec eux, de l'infection tantôt morbide, tantôt préventive, immunisante. En deux mots, l'hérédité de l'infection est nuisible ou salutaire.

Enfin la transmission de l'infection par le sérum contenant des anticorps spécifiques devient entre les mains du médecin un moyen préventif ou curatif constituant la séroprophylaxie et la sérothérapie. Ces procédés de préservation ou de cure sont passifs et mesurables. A ce titre ils ne comportent pas les mêmes aléas que les procédés actifs de vaccination et d'antigénothérapie.

## ÉPILOGUE

Nous ne saurions nous flatter d'avoir dit le dernier mot sur l'infection :
En la ramenant à une altération de la constitution physico-chimique provoquée dans un organisme par des produits émanant le plus souvent
d'un parasite et en nous arrêtant spécialement au cas où le parasite est
un animal, nous avons reconnu des antigènes dans les produits parasitaires, des anticorps dans les produits corrélatifs de l'hôte.

Mais les anticorps sont parfois bien éloignés, dans l'espace et dans
le temps, des producteurs d'antigènes, puisqu'ils survivent aux parasites
et se transmettent à la postérité ses sujets infectés. Ces faits ne sont pas
facilement explicables si les antigènes et les anticorps agissent simplement comme des composés chimiques.

Nous avons fait allusion, dès le premier chapitre, aux forces dégagées
des parasites. La matière pondérable des antigènes mérite d'être envisagée
comme une source d'énergie. Jean Perrin (1919) pense que les radiations
umineuses et ultra-lumineuses déterminent toutes les dislocations de la
matière inanimée ou vivante. A son avis, il conviendrait de chercher
l'origine des cancers dans les perturbations de l'irradiation normale des
tissus par des éléments radio-actifs. Gurwitch (1924) arrive indépendamment à une conclusion analogue au sujet du cancer des plantes. Dans ce
cas, les rayons excitant la mitose émanent d'un parasite, le *Bacterium
tumefaciens* et font sentir leur action à distance ; ces rayons actifs ont
la longueur d'onde de certains rayons ultra-violets ; ils agissent indirectement comme des antigènes. En accordant leur fréquence avec celle
des rayons dont l'énergie est consommée dans la division des noyaux,
ils dégagent des rayons induits qui se multiplient indéfiniment et indépendamment de ceux qui leur ont imprimé cette impulsion. Les vrais
rayons mitogénétiques ont ainsi la valeur d'anticorps.

Lusztig (1927) a guéri des pasteurelloses au moyen des rayons X. La
production des anticorps, pourvu qu'elle soit déjà déclenchée, est exaltée par l'action sur l'antigène d'une irradiation modérée.

Aug. Lumière (1921) a fait ressortir le rôle capital joué dans l'infection
par un changement de l'état colloïdal du protoplasme. Etant donné que
l'écartement des micelles était réglé par des phénomènes de répulsion
électrique, on retrouve dans cette interprétation de l'infection la part des
impondérables. C'est en suivant cette voie que l'on apportera des précisions nouvelles à la notion de l'infection.

# TABLE MÉTHODIQUE DES MATIÈRES

ACHEVÉ D'IMPRIMER
LE 12 SEPTEMBRE 1929
PAR
JOUVE & C<sup>ie</sup>, IMPRIMEURS
15, RUE RACINE, PARIS

M. PAUL LECHEVALIER, ÉDITEUR
LIBRAIRE POUR LES SCIENCES NATURELLES
12, RUE DE TOURNON, PARIS